DIE

SCHACHCONGRESSE

ZU

DÜSSELDORF, KÖLN U. FRANKFURT A/M.

VERANSTALTET

VON DEM

WESTDEUTSCHEN SCHACHBUNDE

IN DEN JAHREN 1876, 1877, 1878.

HERAUSGEGEBEN

VON

JOHANNES MINCKWITZ.

LEIPZIG,
VERLAG VON VEIT & COMP.
1879.

VORWORT.

Der Ausschuss des in den Jahren 1861—1862 gegründeten „Westdeutschen Schachbundes" hatte den Beschluss gefasst, die Ereignisse der alljährlich abzuhaltenden Congresse nicht allein in den periodisch erscheinenden Schachzeitschriften zu veröffentlichen, sondern dieselben vielmehr durch regelmässig herauszugebende Jahrbücher in dem Gedächtniss der Schachwelt lebendig zu erhalten. Zu diesem Zwecke erschienen denn auch, von Herrn Dr. Max Lange redigirt, die Jahrbücher von 1862, 1863 und 1864, sowie, nach einer Pause von mehreren Jahren, dasjenige des Crefelder (IX.) Congresses von 1869 herausgegeben von J. Minckwitz. Hierauf trat eine weitere Pause ein, bis der Verfasser des vorliegenden Werkes, namentlich auf Veranlassung der Ausschussmitglieder Herren Ed. Hammacher in Köln und Emil Rosenthal in Frankfurt a/M., sich entschloss, das reichhaltige Material des XII. Congresses zusammenzustellen. Wenn derselbe ausserdem den X. und XI. Congress dem neuen Jahrbuche einverleibt hat, so geschah dies aus eigener Initiative und in der wohlmeinenden Absicht, die unterbrochene Reihenfolge der westdeutschen Jahrbücher thunlichst zu vervollständigen und in Folge dessen eine doppelt willkommene Gabe darzubieten.

Leipzig, im December 1878.

J. Minckwitz.

INHALTSVERZEICHNISS.

Der zehnte Schachcongress in Düsseldorf.

Der elfte Schachcongress in Cöln.

Der zwölfte Schachcongress in Frankfurt a/M.

Der

zehnte Schachcongress in Düsseldorf

am 9. bis 11. September 1876.

Nach einer fünfjährigen Pause fand sich in den Tagen vom 9. bis 11. September 1876 in der Düsseldorfer Tonhalle zum ersten Male wieder eine Anzahl rheinischer Schachfreunde zusammen, um in altgewohnter Weise beim ernsten Spiel in Scherz und Frohsinn eine Schachfeier zu begehen. Freilich konnte dieselbe sich mit früheren Festen ähnlicher Art des westdeutschen Schachbundes, auch mit dem kaum zwei Monde vorher zu Leipzig stattgehabten zweiten Congress des mitteldeutschen Schachbundes (welcher u. A. von Anderssen, Louis Paulsen, Göring, Schallopp, Pitschel, Berber besucht war) nicht messen, aber sie verdient einen Ehrenplatz in den Annalen des rheinischen Schachbundes, denn sie war eine Auferstehungsfeier. Die gute Stadt Düsseldorf spielt überhaupt in der Geschichte des genannten Bundes eine besondere Rolle: in Düsseldorf war es, wo 1861 der erste Grundstein zu demselben gelegt wurde; in Düsseldorf war es, wo 1862 die neue Schöpfung fester begründet und consolidirt wurde; Düsseldorf endlich war im Jahre 1876 der Ort der Wiedergeburt! Waren daher auch die drei Schachversammlungen, die in den Mauern der Malerstadt bis jetzt abgehalten worden, minder hervorragend durch Glanz und Spielereignisse, so waren sie doch im Hinblick auf das Bestehen und den Fortbestand des westdeutschen Schachbundes von unvergleichlich grosser Wichtigkeit. Nun, auch der Schachfeier 1876 fehlten nicht Gäste von Nah und Fern, denn, wiewohl im Programm ein Fremdenturnier nicht ausgeschrieben stand, so hatten sich doch einige recht tüchtige Kämpen eingefunden. Ausser Wilfried Paulsen aus Nassengrund waren der Redacteur der Deutschen Schachzeitung, Herr Dr. Constantin Schwede, und Herr Stud. Ernst Flechsig aus Leipzig erschienen. Das Festcomité improvisirte daher ein kleines Meisterturnier, indem es ein sehr schönes Schachspiel als Preis aussetzte, dem die Summe der Einsätze hinzugefügt wurde. Das Turnier, an welchem ausser den genannten drei Spielern auch Herr Emil Asbeck aus Barmen theilnahm, konnte jedoch aus verschiedenen Gründen nicht zu Ende gebracht werden, und am Abend des letzten Congresstages verzichteten Flechsig, Schwede und Asbeck unter Zurückziehung ihrer Einsätze zu Gunsten W. Paulsen's, welcher übrigens ohnedies am meisten Chance hatte, und der Ehrenpreis wurde diesem Matador zugesprochen. Von den wenigen gespielten Partieen geben wir am Schluss einige wieder,

An dem rheinischen Hauptturnier (nur für Schachfreunde aus Rheinland und Westphalen) betheiligten sich 22 Spieler. Der Verlauf war folgender:

I. Preis (ein Oelgemälde, Partie aus dem Nahethal): Herr C. Kockelkorn aus Cöln.

II. Preis (ein Aquarell, Gerolstein an der Eifel): Herr C. Wemmers aus Cöln.

III. Preis (v. d. Linde's Geschichte und Literatur des Schachspiels): Herr Julius Asbeck aus Barmen.

IV. Preis (ein schönes Bierglas mit silbernem Deckel): Herr B. Wolff aus Düsseldorf.

Der letzte Gang dieses Turniers blieb ungespielt, da Wemmers und Wolff freiwillig verzichteten.

In den beiden Nebenturnieren errangen die Herren Eduard Hammacher aus Cöln und D. Schwarzschild aus Frankfurt a/M. die ersten Preise.

Einen Glanzpunkt des Congresses bildete natürlich das Festessen am 10. September. Nach demselben fand die übliche Berathung in Bundesangelegenheiten statt, in welcher Herr F. A. Hipp aus Crefeld den Vorsitz führte. Als Vorort für 1877 wurde Köln gewählt. Das wichtigste Ergebniss der Berathung war die Ausdehnung des Bundes nach Süden. Es war uns bis dahin unbekannt, dass Frankfurt a/M. eine Freundin des Annectirtwerdens sei — indessen, die ehemals freie Stadt wurde ohne Weiteres und ohne jeden Schmerzensschrei ihrerseits von Westdeutschland „annectirt".

An demselben Tage fand noch ein sogenanntes **Lösungsturnier statt.** Behufs Beschaffung eines hierzu nöthigen schwierigen Problemes hatte das Comité im Juli ein Preisausschreiben an die Componisten von Schachaufgaben mit der Aufforderung erlassen, vierzügige Originalaufgaben in beliebiger Anzahl diagrammatisirt und mit ausführlicher Lösung begleitet bis spätestens zum 20. August an Herrn Theobald Strauss in Düsseldorf einzusenden. Die beste Aufgabe sollte einen Preis von 50 Mark erhalten, und behielt das Comité sich vor, weitere Preise zu vergeben, wenn die Qualität der eingelieferten Aufgaben solches als geeignet erweisen, und der Bestand der Casse es gestatten würde. Als Preisrichter fungirten die Herren Johannes Kohtz und C. Kockelkorn. Diesem Preisausschreiben hatten die folgenden Bewerber Folge geleistet:

Sendung I. J. Minckwitz in Leipzig . . . . 3 Aufgaben
„ II. A. Bayersdorfer in München . . . . 1 Aufgabe
„ III. F. Patzak in Wien . . . . 6 Aufgaben
„ IV. J. Berger in Graz . . . . 1 Aufgabe
„ V. H. Bestgen in Frankfurt a/M. . . . . 1 Aufgabe
„ VI. S. A. Wolff in Cöthen . . . . 3 Aufgaben
„ VII. C. Callander in Helmstedt . . . . 1 Aufgabe
„ VIII. A. Euchler in Gotha . . . . 2 Aufgaben
„ IX. G. Mehrtens in Cottbus . . . . 1 Aufgabe
„ X. H. Boïe in Altona . . . . 3 Aufgaben
„ XI. G. Szabó in Novska . . . . 2 Aufgaben
„ XII. Dr. C. Schwede in Leipzig . . . . 1 Aufgabe
„ XIII. R. Braune in Gottschee . . . . 1 Aufgabe
„ XIX. L. Karner in Roggendorf . . . . 1 Aufgabe
„ XV. Th. Jensen in Ranum . . . . 1 Aufgabe
„ XVI. H. Hundt in Aachen . . . . 1 Aufgabe

Die Preisrichter gelangten ohne Schwierigkeit zu der Ueberzeugung, dass die Sendungen II. und IV. die besten seien; die eigenthümlichen Vorzüge einer jeden liessen sie jedoch im Zweifel, welcher der Vorrang gebühre, und sie ersuchten daher die Versammlung, ihnen durch freiwillige Subscription die Mittel zur Austheilung eines weiteren Preises von ebenfalls 50 Mark zu gewähren, welchem Wunsche in bereitwilligster Weise entsprochen wurde. Die Componisten der beiden nachstehenden Probleme No. 1 und 2 wurden daher mit je einem Preise von 50 Mark bedacht. Die Preisrichter motivirten ihr Urtheil wie folgt: die Sendung II. zeigt unzweifelhaft eine grössere Originalität der Erfindung durch die glückliche Vereinigung zweier schöner Varianten, deren jede für sich als Basis einer guten Aufgabe dienen könnte; zeigt dieselbe indessen auch in der Composition den schönsten Styl Bayer's, so bietet dagegen die Sendung IV. ebenfalls ihre eigenartigen Vorzüge, welche jenen das Gleichgewicht halten. Dahin gehört die einfache Drohung des ersten Zuges, gehören die sehr zahlreichen Vertheidigungsmittel des Schwarzen, aus welchen ein umfangreiches Variantenspiel hervorgeht; dahin gehört ferner die grössere Schwierigkeit nicht nur des ersten Zuges, sondern auch mehrerer seiner Verzweigungen und endlich die sehr glückliche Parade einer Verführung, welche fast jeden Löser eine Zeitlang irre führen wird." Ausserdem hielten die Preisrichter für angemessen, der Sendung IX. (s. Aufgabe No. 3), „deren Verdienst sich fast ausschliesslich in einem ausgezeichnet schönen Zuge, ohne dass ein bedeutendes Variantengefüge zur Unterstützung des Hauptspieles vorhanden wäre, concentrirt", „da sie das Auftreten eines originellen Gedankens, die zu den seltenen Erscheinungen unserer Zeit gehören, mit besonderer Freude begrüssen zu sollen glauben", eine ehrenvolle Belobung zu Theil werden zu lassen.

Die übrigen Aufgaben, obgleich sich darunter noch mehrere recht beachtenswerthe Leistungen befanden, können wir hier nicht wiederholen. Dagegen kommen wir nun zum eigentlichen Lösungsproblem. Unter den eingelaufenen Aufgaben befand sich nämlich nicht ein einziges Erzeugniss, welches nach dem Urtheil der competenten Behörde den Anforderungen entsprochen hätte, welche an ein, den Löser völlig befriedigendes, ebenso tadellos schönes, wie schwieriges Exempel zu stellen sind. Da die Preisrichter nun ohnehin in Folge einer letzten Redaction der vorher aber veröffentlichten Turnierbestimmungen an jenen Passus, welcher den unpraktischen Zwang, die Preisaufgabe zur Lösungsaufgabe zu machen, enthielt, sich nicht mehr gebunden betrachteten, so wählten dieselben ein vollendet schönes Problem, welches Meister Klett ihnen auf ihren Wunsch zu diesem Zwecke überlassen hatte, für das Lösungsturnier. Dieses Musterstück einer classischen Aufgabe „welches zu jenen Erzeugnissen zählt, die zuversichtlich Bewunderer finden werden, so lange als das Schachspiel noch Anhänger besitzt", fand (zu einer Zeit wo die Köpfe schwer waren) seinen Oedipus nicht; es blieb ungelöst.

Probleme.

Nr. 1.

Adolf Bayersdorfer in München.

Preisgekrönt.

(Sendung II.)

Mat in vier Zügen.

Nr. 2.

Johann Berger in Graz.

Preisgekrönt.

(Sendung IV.)

Mat in vier Zügen.

Nr. 3.

G. Mehrtens in Cottbus.

Ehrenvoll belobt.

(Sendung IX.)

Mat in vier Zügen.

Nr. 4.

Philipp Klett in Stuttgart.

Lösungspreisaufgabe.

Mat in vier Zügen.

Partieen aus dem Fremdenturnier.

I. Abgelehntes Evans-Gambit.

	W. Paulsen. Weiss.	Flechsig. Schwarz.			
1.	e4	e5	11.	La3	Dd7
2.	Sf3	Sc6	12.	Sc3	Tad8 d)
3.	Lc4	Lc5	13.	Sa4	Tfe8
4.	b4	Lb6	14.	Sb6:	ab e)
5.	b5	Sa5	15.	Le7:	Te7:
6.	Le2	Se7 a)	16.	Se6: f)	De6:
7.	d4	ed	17.	f4	c5
8.	Sd4:	d5!	18.	a4	d4
9.	e5	0—0 b)	19.	Ta3	Sc4 g)
10.	0—0	Le6 c)	20.	Th3	Dd5?
			21.	Dd3	Aufg.

Erläuterungen.

a) Sf6 ist kräftiger: auf Sc3 oder auf d3 folgt dann d5!

b) Auf Sg6 würde Weiss am Besten mit Sf3 antworten, da f4 wegen f6 ungünstig ist. Schwarz würde dann aber mit Lg4 11. 0—0, Lf3: 12. Lf3:. c6 13. Lb2, 0—0 ein sehr gutes Spiel erhalten.

c) Hier käme c5 in Betracht. Schwach wäre dagegen jetzt Sg6.

d) Auch jetzt noch würde c5 zwingender sein.

e) Der Springer auf a5 steht nun nicht besonders und kann ohne einigen Nachtheil nicht frei gemacht werden.

f) Sofort f4 sieht mehr versprechend aus.

g) Hier sollte f6 (ef, Df6:) geschehen. Zum Schluss folgt nun noch ein grober Fehler.

II. Schottisches Gambit.

	Flechsig. Weiss.	W. Paulsen. Schwarz.			
1.	e4	e5	12.	Lg5:	Dd6
2.	Sf3	Sc6	13.	Sc3	Lg4[c]
3.	d4	ed	14.	Le3![d]	c6
4.	c3	dc	15.	Tac1	Le7
5.	Lc4	Sf6[a]	16.	Df2	Le6
6.	0—0	d6	17.	Tfd1[e]	Db8!
7.	Sg5[b]	Se5	18.	Le6:	fe
8.	Lb3	h6	19.	Dg3	Kf7
9.	f4	c2	20.	Tf1	Th5
10.	Dc2:	hg:	21.	Sa4	De8
11.	fe	de	22.	Dg4?[f]	Dh8
			23.	h3	Th4
			24.	Df3	Dh7

Erläuterungen.

a) Lb4 wird für besser gehalten.

b) Weiss hat eine lebhafte Eröffnung gewählt und führt die Partie bis zu einem gewissen Punkte mit großem Nachdruck. In Turnieren und Wettkämpfen pflegt man neuerdings meist geschlossene und ruhige Eröffnungen (Lopez, giuoco piano, französisch) zu spielen, weil sowohl der Anziehende, als der Nachziehende sich vor der allzugrossen Lebhaftigkeit und dem damit verbundenen Risico scheut; wir meinen mit Unrecht, denn wenigstens einige Gambits sind doch theoretisch als correct nachgewiesen und schaden könnte es gewiss nichts, wenn Abwechselung in die einförmigen Turnierspiele käme!

c) Besser wäre Dc5†.

d) Weiss fürchtet, dass mit 14. Lf6:, gf 15. Sd5, Dc5† 16. Dc5:, Lc5‡ 17. Kh1, 0—0—0 der Angriff auf Schwarz übergehe; wir halten diese Befürchtung aber für unbegründet, denn die Fortsetzung 18. Tf6:! ergiebt für Weiss ein ganz gutes Spiel, wobei namentlich der freie h-Bauer berücksichtigt werden muss.

e) Schwach wäre La7:, wegen c5.

f) Die richtige Fortsetzung war Sc5, womit Weiss das überlegene Spiel behält, z. B. 22. Sc5, Lc5: (b6 23. Sd3, Ld6 24. Lg5, Db8 25. Tf3 etc.) 23. Tc5:, Db8 24. Ld4! etc.

25.	Sc3	b6	40.	bc	a5!
26.	Lg5	Th5	41.	c5	b4
27.	Le3[g])	Dg6	42.	Tc4	Kg8
28.	Sd1!	c5	43.	Sd3	De8
29.	Sf2	Kg8	44.	Se5:	Db5
30.	g4	Th4	45.	Dc2[h])	a4
31.	Dg2	Tf8	46.	Sf3	b3
32.	Tcd1	Td8	47.	ab	ab
33.	Td8:	Ld8:	48.	Sd4	Db8
34.	Td1	Le7	49.	Db3:	Dg3†[i])
35.	Td3	Kf7	50.	Kf1	Dh3‡
36.	Ld2	c4	51.	Ke1	Dh1†
37.	Tc3	b5	52.	Ke2	
38.	Le3	Th8		Als remis abgebrochen.	
39.	b3	Tc8			

Erläuterungen.

g) Weiss reflectirt nur noch auf Remis.

h) Weit besser war Df2, womit Weiss g5 droht und den schwarzen Thurm nach f8 nöthigt; hierauf kann dann Dc2 geschehen mit gutem Spiele für Weiss.

i) Dieses Schach hatte Weiss bei seinem 45. Zuge übersehen.

III. Französische Eröffnung.

	W. Paulsen. Weiss.	Dr. Schwede. Schwarz.			
1.	e4	e6	8.	h3	Se7
2.	d4	d5	9.	c4	c6
3.	ed	ed	10.	Ld3	0—0'
4.	Le3	Ld6	11.	0—0	h6
5.	Sf3	Sf6	12.	Te1	Sd7
6.	Sbd2	Le6	13.	Sf1	dc
7.	Tc1	Sc6	14.	Lc4:	Lc4:
			15.	Tc4:	Sd5[a])
			16.	Db3	Dc7

Erläuterungen.

a) Wir sind geneigt, dem schwarzen Spiel infolge der günstigen Springerstellung und des vereinzelten weissen Bauern um ein Geringes den Vorzug zu geben.

17.	Tc2	f5
18.	Lc1	Sf6
19.	a3	Kh7 b)
20.	Se5	Tae8
21.	f4	Se4
22.	Sg3	Sg3:
23.	Dg3: c)	Te6
24.	Dd3	Kg8
25.	b4	a6
26.	Kh1	De7
27.	Tce2	Le5: d)
28.	de	Dh4 e)
29.	Db3	Tfe8
30.	Df3	Tf8
31.	Kh2	Dd8
32.	Td1	De8
33.	Tde1	Df7
34.	Tf1	g6
35.	Df2	Kh7
36.	Dh4	De7
37.	Dg3	Df7
38.	Dd3	De7
39.	g4	Df7
40.	Tg2	Tee8
41.	Tfg1	Tg8
42.	Dd4	De6
43.	Lb2	Tef8
44.	Lc1	Te8

Als remis abgebrochen.

Erläuterungen.

b) Hier sollte der f-Bauer weiter vorgehen.

c) Die Spiele sind nun ausgeglichen.

d) Zu diesem Abtausch ist Schwarz genöthigt. Weiss erhält nun zwar einen Freibauer, kann aber in Folge der vortrefflichen Stellung des schwarzen Springers nichts ausrichten.

e) Nun folgt von beiden Seiten ein fruchtloses Hin- und Herziehen.

Lösungen der Aufgaben.

Nr. 1.

1.	Tb5	ef
2.	Sc5:	Kd5
3.	Se4†	K∼
4.	Te5, Sd4, Sd6 od. Sg5✝	
1.		Kd5
2.	Le4†	Ke4:
3.	Tc5: etc.	
1.		Ld3:
2.	Tb6†	Kd5:
3.	e4†	Le4:
4.	Le6✝	

Nr. 2.

1.	Df4	Kd5:
2.	Sf7:	Ld4
3.	De4†	∼
4.	Lc6 oder Sf4✝	
1.		Le3
2.	De3:	f4
3.	Sc4†	∼
4.	T oder De5✝	
1.		Sa5
2.	Ld7†	Kd5:
3.	Sf6†	Kd6
4.	Sg6✝	
1.		Sd6
2.	Td6‡	Kd6:
3.	Sg6† etc.	

Auf andere Gegenzüge entscheidet 2. Dh6‡ oder 2. Sc6† resp. 2. Td7 etc.

Nr. 3.

1.	Dc1	Kc4
2.	Td4‡	Kd4:
3.	c4	∼
4.	Dc3✝	

Nr. 4.

1.	Df2	e5
2.	Df1!	c5
3.	Th5‡ gh od. Kh5:	Lh5:
4.	Da6, h3 od. f8✝	
1.		gh od. g4
2.	De3†	g5
3.	Dd4	∼
4.	Dg7 oder d6✝	
1.		c5
2.	Df3 etc.	

PROGRAMM

des

elften Schachcongresses in Köln

am 18. bis 20. August 1877.

Der Westdeutsche Schachbund, welcher im Jahre 1861 gestiftet wurde zum Zwecke allgemeiner Verbreitung des Schachspiels, fand als das geeignetste Mittel hierzu eine jährliche gesellige Vereinigung seiner Mitglieder, verbunden mit gleichzeitig zu veranstaltenden Wettkämpfen, welche seitdem ziemlich regelmässig stattgefunden haben.

Der Schach-Congress ist in diesem Jahre in den Tagen vom 18. bis 20. August in Köln.

Die rege, stets wachsende Theilnahme an den bisherigen Congressen liefert den erfreulichen Beweis, dass es von den Freunden des edlen Schachspiels immer mehr erkannt wird, wie fördernd diese Zusammenkünfte auf die Verbreitung desselben wirken.

Wir glauben mit Sicherheit annehmen zu können, dass der diesjährige Congress seinen Vorgängern in keiner Weise nachstehen wird, da die grössten Koryphäen des Schachspiels von nah und fern ihre Theilnahme schon definitiv zugesagt haben und der schöne Verlauf des vor 10 Jahren in Köln Statt gehabten Festes, welches bei allen Theilnehmern noch in angenehmer Erinnerung lebt, uns die Ueberzeugung verschafft hat, dass die Bewohner Kölns es als eine Ehre und Freude betrachten, den Congress bei sich tagen zu sehen, und den Ruf, stets das Schöne und Edle zu fördern, dessen sie sich überall erfreuen, auch bei dieser Gelegenheit bewähren werden.

Die Versammlungsorte des Festes: der prachtvolle Gürzenich und die herrliche Flora, welche uns als solche von der Stadt Köln und dem Verwaltungsrath der Flora in liebenswürdiger Weise zugesagt wurden, sind allein schon im Stande, einen Fremden zu veranlassen, seine Schritte einmal nach den schönen Ufern des Rheines zu lenken, ohne der vielen anderen Sehenswürdigkeiten, welche Köln bietet, zu gedenken; und glauben wir desshalb um so mehr auf eine zahlreiche Betheiligung an dem diesjährigen Schach-Congress rechnen zu dürfen.

Das Programm für den XI. Schach-Congress ist wie folgt festgestellt worden:

Samstag, 18. August, Morgens 9 Uhr: Versammlung der Bundes-Mitglieder im Isabellen-Saale des Gürzenich, Begrüssung der Fremden und Verloosung zu den Turnieren. Um 10 Uhr: Eröffnung der Turniere. Mittags 1—3 Uhr: Pause. Darnach Fortsetzung der Turniere.

Sonntag, 19. August, Morgens 9 Uhr: Fortsetzung der Turniere im Gürzenich. Mittags 1 Uhr Festtafel daselbst. General-Versammlung mit nachfolgender Tagesordnung: Rechnungs-Ablage für 1876. Anträge des Vorstandes. Bestimmung des Vorortes für 1878. Neuwahl des Vorstandes. Nachmittags 4 Uhr: Fortsetzung der Turniere. Consultationspartieen.

Montag, 20. August, Morgens 9 Uhr: Fortsetzung der Turniere in den Garten-Sälen der Flora. Um 1 Uhr: Gemeinschaftliches Diner daselbst. Nachmittags 3 Uhr: Lösungsturnier und grosse Blindlingsproduction. 6 Uhr: Preisvertheilung, sowie Ueberreichung der bezüglichen Ehrendiplôme an die Sieger in den Turnieren, welche bis dahin entschieden sind.

Diejenigen Turniere, welche am Montag Abend nicht entschieden sind, werden

Dienstag, 21. August, und eventuell die folgenden Tage, von 9 bis 1 und 4 bis 8 Uhr, im Hôtel du Dôme zu Ende gespielt. Zur Nachfeier ist für Dienstag, 21. August, ein Ausflug ins Siebengebirge bei günstiger Witterung in Aussicht genommen.

Jeder Theilnehmer an den Turnieren hat sich genau nach der vom Spiel-Comité aufgestellten Turnier-Ordnung zu richten. Anmeldungen zum Allgemeinen und Westdeutschen Hauptturnier, sowie zu den beiden Nebenturnieren nimmt Herr Eduard Hammacher in Köln, Quirinstrasse 7, bis zum 15. August entgegen. Sendungen für das Problem-Turnier sind bis zum 1. Juli an Herrn Th. Strauss in Düsseldorf, Reichstrasse 63, zu richten.

Die Schachvereine Westdeutschlands erwerben die Mitgliedschaft des Westdeutschen Schachbundes durch Zahlung eines jährlichen Minimal-Beitrages von $^1/_2$ Mark pro Kopf, doch muss jedes Mitglied eines solchen Vereins für die Theilnahme am Congress einen Minimal-Beitrag von 3 Mark zahlen.

Jeder Schachfreund, auch wenn er das Spiel nicht praktisch ausübt, wird durch einen Minimal-Beitrag von 5 Mark Mitglied des Westdeutschen Schachbundes, und hat als solches das Recht, allen Festlichkeiten beizuwohnen und Damen einzuführen.

Zum Besuch des Congresses werden ausserdem Tageskarten ausgegeben am Sonntag, 19. August, à 3 Mark und an Wochentagen à 2 Mark.

Anmeldungen zur Mitgliedschaft können an jedes der unterzeichneten Vorstands-Mitglieder gerichtet werden.

Köln, im Mai 1877.

Der Vorstand des Westdeutschen Schachbundes.

Eduard Hammacher, Vorsitzender, **C. Kockelkorn**, **J. Kohtz**, Director **A. Müller** in Köln. **Hermann Hundt**, **Dr. Schuster**, **D. Uhlhorn**, **Alb. Vossen** in Aachen. **Jul. Asbeck** jun., **Fr. Döpper**, **Jul. Erbslöh** jun., **W. Osthoff** in Barmen. **O. Greven**, **M. Hertz**, **F. A. Hipp** in Crefeld. Rechtsanwalt **Moeger** in Dortmund. **Jos. Schrey** in Duisburg. **Hugo Knoll** in Düren. **Ludw. Herrmann**, **M. Levy**, **W. Schnellenbach**, **Th. Strauss**, **B. Wolff** in Düsseldorf. **A. Keller**, **Herm. Rieffensthal**, **Alf. Schlieper** in Elberfeld. **F. W. Wiesen** in Frankfurt am Main. **F. Lumbeck** in Langenberg. **Herm. Rettinghaus** in Mülheim a. d. Ruhr. **Aug. Eskuchen** in Remscheid. **C. Lütters** in Solingen; Bürgermeister **Stosberg** in Dorp bei Solingen.

Turnier-Ordnung

für den

XI. Schach-Congress in Köln am 18. bis 20. August 1877.

I. Bestimmungen über die verschiedenen Turniere.

A. Allgemeines Hauptturnier

unter Leitung des Herrn Eduard Hammacher in Köln. Beginn Samstag, Morgens 10 Uhr. Theilnahme für Jedermann frei. Spielweise: Jeder mit

Jedem, oder bei zu zahlreicher Betheiligung in Gängen. Einsatz 3 Mark. Zwei Werthpreise, wobei es den Siegern freigestellt wird, sich anstatt derselben den Werth auszahlen zu lassen.

B. Westdeutsches Hauptturnier

unter Leitung der Herren Jul. Asbeck jun. in Barmen und Balduin Wolff in Düsseldorf. Nur für Schachfreunde Westdeutschlands. Beginn Samstag, Morgens 10 Uhr. 16 resp. 32 Theilnehmer. Spielweise in Gängen. Einsatz 3 Mark. Vier Werthpreise.

C. Erstes Nebenturnier

unter Leitung des Herrn F. A. Hipp in Crefeld. Beginn Samstag, Morgens 10 Uhr. 16 Theilnehmer. Spielweise in Gängen. Einsatz 1 Mark. Vier Preise, bestehend in werthvollen Schachwerken.

D. Zweites Nebenturnier

unter Leitung des Herrn Bürgermeisters Stosberg in Dorp bei Solingen. Beginn Sonntag, Morgens 9 Uhr. Die übrigen Bestimmungen wie im ersten Nebenturnier.

E. Tombola-Turnier

unter Leitung des Herrn F. W. Wiesen in Frankfurt am Main. Beginn Sonntag, Morgens 9 Uhr. Kein Einsatz. Anzahl der Theilnehmer unbeschränkt. In diesem Turnier melden sich zwei beliebige Gegner an, von denen derjenige an der Preisverloosung von schönen Werthpreisen Theil nimmt, welcher von drei entschiedenen Partieen zwei gewinnt. Niemand darf sich mehr als einmal zu diesem Turnier melden.

Ausser vorstehenden Turnieren sind freie Spielturniere vorbehalten.

F. Problem-Turnier

unter Leitung der Herren C. Kockelkorn und J. Kohtz in Köln. Theilnahme für Jedermann frei. Von jedem Bewerber wird eine dreizügige und eine vierzügige directe Aufgabe verlangt, welche, auf Diagramme notirt, von ausführlichen Lösungen begleitet, bis zum 1. Juli an Herrn Th. Strauss in Düsseldorf, Reichsstrasse 63, einzusenden sind. Erster Preis 100 Mark. Ein zweiter Preis von 50 Mark bleibt vorbehalten.

G. Lösungs-Turnier

unter Leitung des Herrn C. Kockelkorn in Köln. Es wird am Montag, Nachmittags 3 Uhr, eine drei- bis vierzügige Aufgabe vorgelegt. Wer binnen drei Stunden eine ausführliche correcte Lösung zuerst schriftlich einreicht, erhält einen Preis von 20 Mark.

II. Allgemeine Bestimmungen.

§ 1. Spielgesetze. Für sämmtliche Turniere sind die im v. Bilguerschen Handbuch des Schachspiels enthaltenen Schachgesetze mit dem Zusatze maassgebend, dass nach dreimaliger Wiederholung derselben Züge resp. Reihenfolge von Zügen jede der Parteien das Recht hat, die Partie als unentschieden abzubrechen.

§ 2. Spielzeit. Jeder Theilnehmer an den Turnieren ist verpflichtet, bis zur Entscheidung täglich 8 Stunden oder mindestens zwei entschiedene Partieen zu spielen, und zwar Samstag, 18. August, von 10 bis 1 Uhr und von 3 bis 8 Uhr, an den übrigen Tagen von 9 bis 1 Uhr und von 4 bis 8 Uhr. Das unterzeichnete Spielcomité kann jedoch die Turnierspieler am Montag, den 20. August, Nachmittags, von dieser Verpflichtung entbinden, wenn die Beendigung der Spielturniere dadurch keinen wesentlichen Aufschub erleidet, um ihnen die Betheiligung am Lösungs-Turnier oder Blindlingsspiel zu ermöglichen.

§ 3. Bedenkzeit. Jeder Spieler hat für 15 Züge je eine Stunde Bedenkzeit. Die in den ersten Stunden etwa ersparte Zeit wird für die späteren Züge gutgerechnet. Der seine Zeit überschreitende Spieler verliert dadurch die Partie. In den beiden Hauptturnieren geschieht die Controle mittelst Wecker- oder Sanduhren. Demjenigen Spieler, welcher eine halbe Stunde nach der zum Beginn festgesetzten Zeit nicht erschienen ist, wird von da ab die Partie als im Gang befindlich in Bezug auf seine Zeit angerechnet. Bei einer Verspätung von einer Stunde wird die Partie dem Säumigen als verloren angerechnet. Fehlen beide Spieler, so wird nach einer Stunde beiden die Partie als verloren angerechnet.

§ 4. Aufzeichnung der Partieen. Die gespielten Partieen sind ausschliesslich Eigenthum des Bundes und müssen eine halbe Stunde nach Beendigung derselben von dem Sieger dem Leiter des betreffenden Turniers eingereicht werden, widrigenfalls dieselben als nicht gespielt gelten. Bei

Remis-Partieen hat der Anziehende die Verpflichtung der Notation; kommt er derselben nicht nach, so gilt die Partie für ihn als verloren.

§ 5. In streitigen Fällen, welche in den vorstehenden Paragraphen nicht vorgesehen sind, müssen die Leiter der betreffenden Turniere von der Sachlage unterrichtet werden. Das unterzeichnete Spiel-Comité entscheidet dieselben und haben die Parteien sich dessen Ausspruch unbedingt zu fügen.

§ 6. Keinerlei Privat-Arrangement kann die Durchführung der vorstehenden Bestimmungen beirren.

Das Spiel-Comité.

Jul. Asbeck jun. Eduard Hammacher. F. A. Hipp. C. Keckelkorn. Bürgermeister Stosberg. F. W. Wiesen. Balduin Wolff.

Verlauf des Congresses.*)

Der elfte westdeutsche Schachcongress wurde dem Programm gemäss am Sonnabend, den 18. August um 9 Uhr früh im Stimmsaale des Gürzenich vom Vorsitzenden, Herrn Eduard Hammacher, mit einer kurzen Ansprache eröffnet. Hierauf fand die Verloosung zu den verschiedenen Turnieren statt. Zum westdeutschen Hauptturnier hatten sich folgende Kämpfer gemeldet: Bürgermeister Stosberg aus Dorp bei Solingen, C. Leffmann aus Köln, Jul. Ehlen aus Crefeld, C. Höing aus Hagen, Ed. Hammacher aus Köln, W. Kirdorf aus Crefeld, G. Kist aus Köln, Rechtsanwalt Möger aus Dortmund F. W. Wiesen aus Frankfurt a/M., Regierungs-Secretär C. Tacke aus Strass-

*) Der Verfasser dieses Berichtes unterzeichnet sich in der deutschen Schachzeitung mit „ein Sieger im allgemeinen Hauptturnier"; in Wahrheit ist es der „Hauptsieger", nämlich Herr J. H. Zukertort aus London, welcher Meister, nach Deutschland hauptsächlich gekommen, um die Anderssen-Feier in Leipzig verherrlichen zu helfen (er erkämpfte bei dieser Gelegenheit den dritten Preis) und seiner Heimath (Provinz Posen) einen Besuch abzustatten, auf seiner Rückreise noch Veranlassung nahm, dem rheinischen Congresse beizuwohnen. Seitdem hat Zukertort, Dank seiner hohen Fertigkeit, im internationalen Schachturnier zu Paris 1878 den ersten Preis errungen.

burg, M. Levy aus Düsseldorf, Frau Ludovici aus Wiesbaden, Dr. Richter aus Siegen und R. Schulder aus Cöln. Zur Verloosung der vierzehn Theilnehmer für den ersten Gang wurden zwei Blinde hinzugefügt und so folgende Paarung erzielt, in der die Einschaltung den Besiegten bezeichnet:

Bürgermeister Stosberg — (Blinder)
Dr. Richter — (C. Leffmann)
Jul. Ehlen — (Blinder)
(C. Höing) — C. Tacke
(Frau Ludovici) — Ed. Hammacher
W. Kirdorf — (F. W. Wiesen)
(M. Levy) — G. Kist
(Rechtsanw. Möger) — R. Schulder.

Im zweiten Gange, der am Sonnabend Nachmittag gespielt wurde schlug Dr. Richter Herrn Bürgerm. Stosberg, R. Schulder verlor gegen Jul. Ehlen, Ed. Hammacher siegte gegen C. Tacke und G. Kist gegen W. Kirdorf. — Die vier Sieger hatten nun um die vier Preise zu spielen, die mit den Preisen im allgemeinen Hauptturnier, in den Nebenturnieren und in der Tombola eine schöne Ausstellung im Spielsaale bildeten. Die vier Preise im westdeutschen Hauptturnier waren I. ein Mahagoni-Cylinderbureau; II. ein eingelegter Liqueurkasten; III. ein mit Perlmutter eingelegter Schachtisch und IV. vier Prachtbände, enthaltend die vollständige österreichische Schachzeitung. — Im dritten Gange gewann Jul. Ehlen gegen Dr. Richter, Ed. Hammacher machte die erste Partie remis gegen G. Kist und gewann die zweite nach neunstündigem hartnäckigen Kampfe. Im vierten und letzten Gange schlug Herr Hammacher Herrn Ehlen und errang so den ersten Preis, während sein Gegner den zweiten erhielt. Herrn G. Kist fiel ohne Kampf der dritte Preis zu, da Dr. Richter abreisen musste und deshalb den vierten erhielt.

Am allgemeinen Hauptturnier betheiligten sich sechs Kämpen, die Herren Dr. Göring, T. Metger, E. Schallopp, C. Wemmers, J. H. Zukertort und X, ein junger englischer Amateur, der ungenannt zu bleiben wünscht. Die folgende Tabelle zeigt den Ausfall des Kampfes.

	Göring	Metger	Schallopp	Wemmers	Zukertort	X	Summa
Göring		1	0	0	$^1/_2$	1	$2^1/_2$
Metger	0		0	1	1	1	3
Schallopp	1	1		0	0	1	3
Wemmers	1	0	1		0	1	3
Zukertort	$^1/_2$	0	1	1		1	$3^1/_2$
X	0	0	0	0	0		0

(1 gewinnt, 0 verliert, $^1/_2$ remis.)

Zukertort erhielt demgemäss den ersten Preis, während der zweite, da die Herren Metger und Schallopp abreisen mussten, mit Bewilligung des Spiel-Comité's unter die Herren Metger, Schallopp und Wemmers getheilt wurde. Der erste Preis war eine Pendule oder 200 Mark, der zweite ein Brillantring resp. 100 Mark. In beiden Fällen wählten die Sieger den Geldbetrag.

Im ersten Nebenturnier erhielt Herr H. Riefenstahl aus Elberfeld den ersten Preis, Bilguer's Handbuch, 5. Auflage in Prachtband (Geschenk des Herrn H. Credner [Veit & Comp.] in Leipzig) und österreichische Schachzeitung 1873. Herr Carl Koch aus Eupen erhielt den zweiten Preis: Morphy-Buch und Sonntagsblätter. Der dritte Preis, 101 Aufgaben von Kohtz und Kockelkorn, und österreichische Schachzeitung 1873, fiel Herrn Ad. Wesche aus Düren zu, der vierte, die drei Congressbücher des westdeutschen Schachbundes, Herrn Hugo Knoll aus Düren. Die Sieger des zweiten Nebenturniers waren die Herren B. von Fischerz, Aachen; Julius Barsdorf, Crefeld; M. Fickeisen, Crefeld und R. Dünnweg, Solingen. Die Preise waren dieselben wie im ersten Nebenturnier. Ausserdem fand noch ein freies Turnier statt, in das sechszehn geübte Kämpfer eintraten. Herr C. Höing aus Hagen errang den ersten Preis, einen eleganten Rauchtisch, die Herren R. Altmann und F. W. Wiesen aus Frankfurt a/M. den zweiten und dritten, Sonntagsblätter von Dr. M. Lange und österreichische Schachzeitung von 1873, während Herr W. Kirdorf aus Crefeld den vierten,

Crefelder Congressbuch, erhielt. Ausser den Preisen selbst wurden in allen Turnieren sehr schöne Diplome den Siegern zuertheilt, auf welchen in Weinblättern mit Schachfiguren verschlungen, die Namen sämmtlicher Städte, deren Vereine zum „Westdeutschen Schachbunde“ gehören, angebracht sind. Für die Tombola-Kämpfe hatte das Comité 31 Preise ausgesetzt, die zu unzähligen Kämpfen Veranlassung gaben. Es bedürfte einer homerischen Muse, um diese Kampfspiele zu beschreiben; so mag wohl die Mittheilung genügen, dass auch die Rheintöchter ihren Antheil an diesem Hort erhielten. Frau Dellevie aus Cöln, Frau Langenbach aus Barmen, Frau Ludovici aus Wiesbaden und die Fräulein Kist und Schulder aus Cöln waren die siegreichen Amazonen.

Während der Sonnabend ausschliesslich dem heissen, wenn auch unblutigen Schachkampfe geweiht war, musste dieser am Sonntag Nachmittag der Schlacht weichen, die die Jünger Caïssa's siegreich gegen die verschiedenen Gänge des vortrefflichen Banquets schlugen, welches im Isabellensaale des Gürzenich stattfand. Die Züge, die da aus dem edlen Nass des Vater Rhein gemacht wurden, übertrafen selbst die brillanten Coups der „unsterblichen“ Partie des Altmeisters.

Mel.: Es steht ein Wirthshaus etc.

Zu Köln am Rhein da steht ein Haus,
Das wird besucht Jahr ein, Jahr aus,
Zu Spiel und Tanz und Festen, —
Geleistet wird zu jeder Zeit
Hier viel von seinen Gästen.

Das ist der Vater Gürzenich,
Er freut sich diesmal sicherlich,
Dass heut' nach seinen Hallen
So muntre Kampfgenossen schön
Von allen Seiten wallen.

Es gilt ein friedliches Turnier:
Schau her, die Truppen sind schon hier,
Der Thürme feste Stützen,
Die Bauern und die Läufer all',
Den König zu beschützen.

Willkommen seid uns allzumal,
Ihr scharfen Denker ohne Zahl,
Die mit so schlauen Mienen
Von England und vom Continent
Zum Schachspiel sind erschienen.

Doch strengt euch nur nicht zu sehr an,
Es fängt das Fest ja kaum erst an;
Noch Vieles thut euch winken
In unserer lust'gen Vaterstadt —
Es giebt noch viel zu trinken.

Nun nehmt das volle Glas zur Hand,
Gefüllt mit Wein bis an den Rand,
Stosst an nach alter Sitte,
Die Meister leben alle hoch!
Alaaf auch wir, ich bitte!

Der Reigen der Toaste wurde von Herrn Director Müller eröffnet, der in einer sehr liebenswürdigen Weise das Wohl der Fremden ausbrachte, indem er an die Schlussworte des ersten Liedes: „die Meister leben alle hoch" anknüpfte. Herr Eduard Hammacher forderte nun die Anwesenden auf, auch die Worte „Alaaf auch wir, ich bitte" nicht zu vergessen und auf das Wohl des „Westdeutschen Schachbundes" ein volles Glas zu leeren. Nachdem der Toast mit Enthusiasmus getrunken war, ergriff Herr Hipp das Wort, um den Dank auszusprechen, den alle Anwesenden und speciell das Comité dem Vorsitzenden schuldeten. So wie in allen anderen Angelegenheiten, so habe das Comité Herrn Hammacher das vollste Vertrauen geschenkt in dem problematischen Streite, den das Problem-Comité gegen ihn zu führen für gut befunden und der jetzt feierlichst bestattet werden sollte durch die officielle Verkündung der Preisträger. Herr Hammacher dankte in wenigen trefflichen Worten und proclamirte dann als Sieger im Problemturnier:

J. Berger in Graz, I. Preis.

Fritz af Geyerstam in Upsala, II. Preis.

J. Minckwitz in Hansdorf, ehrenvolle Erwähnung.

Nach einigen anderen Toasten und der Absingung eines zweiten Liedes, begann die Generalversammlung. Die wichtigsten Beschlüsse derselben waren:

dass der westdeutsche Schachbund dem allgemeinen, der in Leipzig bei Gelegenheit der Anderssen-Feier gegründet wurde, im Principe beitrete und es den respectiven Comités überlasse, die Einzelnheiten des Beitritts zu vereinbaren. Ferner wurde Frankfurt a/M. zum nächsten Congressort gewählt, welches Herr F. W. Wiesen unter Vorbehalt der Zustimmung des Frankfurter Schachvereins dankend acceptirte.

Am Montag fand die Fortsetzung der Turniere in den luftigen Räumlichkeiten der Flora statt. Die jugendliche Nymphe liess sich vom Vater Gürzenich nicht beschämen und offerirte den Kämpfern gleichfalls ein Fest-Banquet und Concert, welches auf besondere Veranlassung des Herrn Baron von Oppenheim zu Ehren der Theilnehmer am Schachcongresse stattfand. Dem Programme gemäss begann das Lösungsturnier und das Blindlingsspiel Nachmittags $3^1/_2$ Uhr. Im ersteren trug W. Kirdorf aus Crefeld schon nach einer halben Stunde den Preis davon, im letzteren spielten E. Schallopp und J. H. Zukertort eine Partie gegen einander blindlings und fünf andere gleichzeitig blindlings gegen fünf verschiedene Kämpfer. Schallopp machte gegen Zukertort remis, gewann zwei Partieen und verlor drei; Zukertort gewann seine fünf Partieen. Die Festlichkeiten in der Flora wurden mit einem gemüthlichen Souper beschlossen.

Nachdem am Dienstag die Turniere im Café du Dôme zum Abschluss gebracht waren, wurde ein Ausflug nach Rolandseck veranstaltet, und damit war der elfte westdeutsche Schachcongress beendet.

Das Problemturnier.

Die altherkömmlichen Preisrichter in den Problemturnieren des westdeutschen Schachbundes, Herren Johannes Kohtz und C. Koçkelkorn, haben einen zusammenhängenden Bericht in dem vorliegenden Falle nicht veröffentlicht, dagegen ihre Urtheile über die hervorragendsten Aufgaben des Turniers in der Schachspalte der Sonntagsnummer („Feierabend") des Kölner Handelsblattes niedergelegt. Die „Deutsche Schachzeitung" hat diese Bruchstücke in der Hauptsache zusammengestellt und erst später haben die Preisrichter in der Schachzeitung selbst (Februar-Heft 1878) eine kurze Vervollständigung dieser Ausführungen gegeben. Wir halten es daher für das Beste, im Nachstehenden das in der Schachzeitung gesammelte Material wiederzugeben und nur etwa Fehlendes aus dem „Feierabend" selbst zu ergänzen.

Vervollständigende Liste der Bewerbungen (Schachzeitung 1878, Februar-Heft S. 38):

No.	Name und Ort.	3 Züge.	4 Züge.
I.	F. Schrüfer in Bamberg	correct	correct
II.	H. Brenziger in Mannheim . . .	werthlos	werthlos
III.	L. Guinet in Lyon	correct	correct
IV.	F. af Geyerstam in Upsala . . .	II. Preis	
V.	F. Dubbe in Rostock	correct	Abkürzung
VI.	J. Tschampa in Wien	werthlos	unmöglich
VII.	A. Euchler in Gotha	Nebenlösung	unmöglich
VIII.	A. Arnell in Göteborg	correct	correct
IX.	K. Kondelik in Prag	unmöglich	Nebenlösung
X.	Th. Jensen in Ranum	unmöglich	Nebenlösung
XI.	S. A. Wolff in Cöthen	correct	correct
XII.	C. F. Wennberg in Barnarp . . .	correct	Nebenlösung
XIII.	H. Hundt in Aachen	correct	Nebenlösung
XIV.	F. W. Blehr in Christiana	correct	Nebenlösung
XV.	L. Karner in Roggendorf	Stellung problemwidrig	Nebenlösung
XVI.	P. Richter in Potsdam	werthlos	werthlos
XVII.	G. Bontemps in Krackow	Nebenlösung	Nebenlösung
XVIII.	J. Berger in Graz	I. Preis	
XIX.	A. Kauders in Wien	Nebenlösung	unmöglich
XX.	J. Minckwitz in Hansdorf, Schles.	Belobung	Belobung
XXI.	G. McArthur in Chichester . . .	correct	Nebenlösung
XXII.	N. Grimm in Prag	correct	Abkürzung
XXIII.	R. Braune in Gottschee	correct	Nebenlösung.

„Im Anschluss an unsere aus dem „Feierabend" in die Schachzeitung übergegangenen Besprechungen der prämiirten Bewerbungen geben wir vorstehend das Verzeichniss der sämmtlichen Concurrenten, und zugleich in kurzer Andeutung das Ergebniss unserer Untersuchungen, wobei wir nachtragen, dass die Sendungen der Herren Schrüfer und Arnell die vierte, resp. fünfte Stelle in der Werthscala dieser Bewerbungen einnahmen, und dass besonders die 4zügige Aufgabe von Schrüfer sehr werthvoll ist, da sie der Anlage nach sogar sämmtlichen Stücken — die prämiirten nicht ausgeschlossen — überlegen ist.“

J. Kohtz und C. Kockelkorn.

Die Ausführungen der Schachzeitung nach dem Kölner „Feierabend“ lauten (November-Heft 1877):

„Unter den 23 Bewerbungen, welche uns vorlagen, ist zwar keine einzige in einem solchen Grade vollendet, dass wir das Ergebniss des Turniers als ein durchaus befriedigendes proclamiren können, indessen sind mehrere derselben durch eine künstlerisch vollendete Durchbildung des Grundgedankens der besonderen Anerkennung werth, und unter diesen ist in erster Linie die Sendung, welche unter der Nr. XVIII. uns vorlag durch glänzende Eigenschaften hervorragend, so dass unser Urtheil, welches derselben den ersten Preis zuerkennt, schwerlich anzufechten sein wird. Die vierzügige Aufgabe im Besondern dürfen wir ohne Bedenken als die werthvollste des ganzen Turniers und zugleich als eine der bedeutendsten Erscheinungen unter den Turnierergebnissen der letzten Jahre bezeichnen, und dass wir trotzdem an derselben auszusetzen finden, darf nur aus der Rücksicht auf die sehr hohen Ansprüche, welche die Kritik an ein Preisproblem stellen darf und muss, beurtheilt werden. Wir vermissen in dieser Aufgabe jene breite Anlage, welche als Endergebniss ein reiches und organisch gegliedertes Variantengefüge liefert, das recht eigentlich die Aufgabe grossen Styls bedingt; wir vermissen in ihr jene ursprüngliche Erfindungskraft, welche eine wirklich neue, eigenthümliche Idee zur Darstellung gebracht hätte, und trotzdem ist die Leistung eine ganz ausgezeichnet tüchtige. Denn die Wahl der Idee sowohl als deren eigenthümliche Auffassung zeugen für ein äusserst feines Kunstverständniss und die harmonische Gliederung des ganzen Gefüges, sowie der energische Hinweis jeden Zuges und Gegenzuges auf die fortschreitende Gestaltung der leitenden Idee liefern einen glänzenden Beweis für den Schönheitssinn und die meisterhafte Technik des Verfassers, und speciell der erste Zug der Aufgabe schliesst alle Momente in sich, welche ihm das Prädicat eines schönen Problemzuges sichern müssen.

Die dreizügigen Aufgaben unseres Turniers haben trotz der 23 Bewerbungen nur eine geringe Ausbeute an hervorragenden Leistungen geliefert, und es kann dieses Resultat um so weniger überraschen, als die Turniere der früheren Jahre ohne Ausnahme die nämliche Erscheinung im Gefolge hatten. Die Ursache derselben sehen wir in der wachsenden Schwierigkeit, neue Ideen zu schaffen, oder den bereits bekannt gewordenen durch eine originelle Auffassung einen neuen Reiz abzugewinnen, und der Weg zum Ziele, welcher bei Stücken grösserer Zügezahl der Erfindungskraft noch einen weiten Spielraum lässt, ist bei der Kürze dreier Züge wenig geeignet, grosse und mannichfaltige Ideen zu umfassen. In den meisten Fällen verlegt der Autor die Pointe in die Schlusswendung, und die einzügige Einleitung schliesst den Anspruch auf eine breite Anlage ebenso gut aus, wie es nur sehr selten gelingt, das Schwierigkeitsmoment in genügendem Grade zu wahren. Tritt nicht gerade der seltene Fall ein, dass schon die Neuheit der Idee die Schwierigkeit begründet, so muss schon die Einleitung die Bedingungen derselben schaffen, und diese sind einzig in einer weitreichenden und möglichst geräuschlosen Drohung des ersten Zuges zu suchen. Wie selten eine solche aber möglich ist, und wenn möglich, wie schwer durchzuführen, weiss Jeder, der einmal in der Compositionskunst sich versuchte, und wir müssen es anerkennen, dass der Dreier der Sendung XVIII. nicht nur das Streben zeigt, die aufgezählten Schwierigkeiten zu überwinden, sondern auch einen grossen Theil derselben wirklich überwunden hat. Die Idee ist unseres Wissens in dieser symmetrisch zweiseitigen Variation zuvor nicht dargestellt worden und daher wohl als originell zu bezeichnen, und der Einleitungszug, welcher die Wirksamkeit der Dame in ihrer scheinbar wichtigsten Richtung völlig lähmt, schmiegt sich der Idee so vollständig an, dass er als zu derselben gehörig erscheint. Dass die Drohung keine andere ist, als das Ideenspiel, dessen beide Verzweigungen Schwarz übrigens nach seiner Wahl erzwingen kann, erhöht noch die Schwierigkeit, und die beiden Nebenvarianten sind interessant und nicht auf den ersten Blick zu durchschauen. Es giebt dreizügige Aufgaben, welche diese übertreffen — es ist das wohl unbestreitbar — aber sie sind sehr selten zu finden, und wir dürfen kühn behaupten, dass unter allen Dreizüglern, die je preisgekrönt wurden, kaum eine bessere, wohl aber sehr viele schwächere zu finden sind. —

Es war uns eine grosse Ueberraschung, als Herr Strauss uns die Namen der Concurrenten mittheilte, und wir als Träger des zweiten Preises einen Componisten entdeckten, von welchem wir trotz unserer genauen Kenntniss der Problemliteratur niemals gehört hatten. Einen ganz andern und wohlbekannten Namen hatten wir zu finden erwartet, denn der Stil, namentlich der vierzügigen Aufgabe, zeigt alle Merkmale der grossen Routine und auch die dreizügige verräth trotz ihrer vielen offenbaren Schwächen in keiner Weise die Hand eines Anfängers. Wir würden diese letztere in jene — seit zehn Jahren überstandene Periode zurückversetzen, in welcher das Prädicat „wie aus einem Gusse" als das höchste Lob galt und — weil vielfach identificirt mit „leicht hingeworfen" — manchen Componisten verführte, sein schönes Talent in leichter, wenig durchdachter Schablonenarbeit zu verflüchtigen. Alle diese Zeichen finden wir an der Geyerstam'schen Dreizügigen wieder: zwei unendlich abgedroschene Witzchen sind mit kühler Mechanik zu einem Problem verschraubt, dessen dünner Schleier vor dem forschenden Blick eines selbst mittelmässigen Lösers überaus rasch sich klärt, weil nicht nur die Dame durch ihre exponirte Stellung als wahrscheinliches Opferlamm bezeichnet ist und auf eine gewisse Figur als das zu bewegende Stück hinweisst, sondern weil zugleich die Gruppirung der weissen Springer die ganze Schlusswendung in vollendeter Deutlichkeit verräth. Auch die Varianten, wenn gleich ziemlich zahlreich, bieten vermöge ihres gewaltthätigen Verlaufs nur wenig Interesse, so dass diese Aufgabe ohne die schwerwiegende Unterstützung ihrer vierzügigen Schwester keine Auszeichnung erfahren hätte; ja wir sprechen es unumwunden aus, dass es fast allein die Verdienste des Vierzüglers sind, welche uns veranlassten, diese Sendung über die tüchtige Leistung von Minckwitz zu stellen. Die Compositionsmanier zwar ist auch in dieser Aufgabe dem Principe nach eine ähnliche: die werthvollsten Opfer ruhen bereits auf den Altären, auf welchen sie der Gottheit dargebracht werden, und nur ein geringes Dunkel verhüllt die Bedeutung einer bestimmten Figur für die Wahl des ersten Zuges. Aber das Wohin? ist hier ebenso schwierig, wie leicht bei der vorigen Aufgabe, denn alle anderen Züge scheinen bei weitem mehr zu versprechen, als der nach . . Es liegt dies in der eigenthümlich verborgenen Drohung, welche gerade auf demjenigen Flügel die Entscheidung herbeiführt, auf welchem sie der ganzen Stellung nach am wenigsten zu suchen ist, und es verdient hohes Lob, dass der Componist die grosse Lösungsarbeit nicht gescheut hat, welche der Erkenntniss dieser Varianten vorhergehen musste, und dass er es verstanden hat, diese Variante zu der einzig drohenden zu machen — der einzigen wenigstens, welche durch zwingende Schachzüge das Gegenspiel des

Schwarzen einzuschränken vermag. Das Spiel der folgenden Züge ist weniger schwierig, indessen durch die Serie der Opfer um so interessanter, als es die Oeconomie, mit welcher der Verfasser die weissen Steine auf das denkbar geringste Maas reducirt hat, in überraschend schöner Weise illustrirt, so dass das Gefühl hoher Befriedigung nicht durch die Erkenntniss herabgestimmt wird, dass die Schlusswendungen gar nichts Neues bieten. Ist der Verfasser dieser Aufgaben, wie wir vermuthen, ein junges aufstrebendes Talent, so glauben wir uns nach dieser schönen Leistung zu dem Schlusse berechtigt, dass sein Name einst zu den hervorragendsten unter den Meistern der Problemkunst zählen wird; es würde die einstige Bewahrheitung dieses Ausspruches uns um so mehr Freude bereiten, als es uns vergönnt ist, mit diesen Zeilen zuerst auf die Bedeutung seines Talentes aufmerksam zu machen und durch Zuerkennung des zweiten Preises zu ferneren und grösseren Thaten anzuspornen. —

Ob die Geyerstam'schen Aufgaben oder die Sendung von Minckwitz den Vorzug verdienen, war sehr schwer zu entscheiden, und wir würden uns nicht wundern, wenn dieser oder jener Problemkenner in seinem Urtheile von dem unsrigen abwiche. Denn die Ungleichwerthigkeit jener Sendung, welche als maassgebend für die Beurtheilung nicht viel mehr als den Vierzügler bietet, könnte leicht dahin beeinflussen, die gleichmässig werthvollen Stücke von Minckwitz über jene zu stellen, und es liesse sich gegen eine solche Entscheidung wohl nichts Anderes einwenden, als dass in Geschmacksangelegenheiten schwer zu rechten ist. Das Genre der beiden Minckwitz'schen Probleme ist ein durchaus anderes, als wir es in den beiden Preissendungen ausgedrückt finden. Eine schöne und zierliche Arbeit, verbunden mit übersichtlich schöner Stellung characterisirt die vierzügige Aufgabe, und es ist nur schade, dass die Uebersichtlichkeit mit einer allzugrossen Durchsichtigkeit verbunden ist. Die Leichtigkeit der Lösung — es ist das immerhin ein Vorwurf gegenüber der Bezeichnung „Problem“ — ist freilich der einzige Tadel, welchem die Aufgabe zugänglich ist, und wenn man dieselbe mit einer Stellung vergleicht, welche von Herrn Th. Herlin in Lille verfasst, in einem französischen Problemturnier preisgekrönt wurde, so wird man verstehen, welches der Unterschied ist zwischen einem Werke der Kunst und einem Producte mechanischer Schablone. Wie oft auch die zierliche Idee schon dargestellt wurde, niemals zuvor fand sie einen so zierlichen Ausdruck und wir glauben nicht, dass die Bearbeitung derselben für die Zukunft lohnend sein wird; denn, sie besser und kunstvoller zu componiren, dürfte schwerlich gelingen. — Um ein gutes Theil schwieriger, als der Vierer, obgleich seine Zügezahl die geringere ist, ist das zweite Stück der Minckwitz'schen Sendung, und wir können dasselbe als dem Berger'schen Dreizügler nahezu ebenbürtig bezeichnen, so gross auch die Verschiedenheit beider Probleme in jeder Beziehung erscheinen mag. Die Idee, welche bei jener Aufgabe mehr in die Breite geht, spitzt sich hier in einer einzigen Schlusswendung zu einer scharfen Pointe zu, welche trotz der Fülle des weissen Materials und trotz des . . . . . . Verlaufes der Lösung ebensowohl überrascht, wie befriedigt. Liegt schon das Feld . . als Matort des schwarzen Königs dem Kreise der unmittelbaren Combinationen nicht nahe, so wird die Lösung noch erschwert durch die Bescheidenheit der ersten Züge, welche, das Netz um den gegnerischen König, bis zur letzten Masche zuschnürend, scheinbar eine Deplacirung der bewegten Figuren bedeuten und erst mit dem matgebenden Zuge ihre hinterlistige Kraft zu erkennen geben. Es verdient besonders bemerkt zu werden, dass der schwarze König innerhalb dieses Netzes unter sechs Matfeldern zu wählen vermag, und erst die Erkenntniss dieses Umstandes führt zu einer vollen Würdigung des gediegenen Problems. Unter den Zügen des Schwarzen, welche eine Abweichung vom Ideenspiele erzwingen, ist 1 . . . . , . . . als amüsant hervorzuheben, da er eine Fortsetzung herbeiführt, welche zu der Drohvariante, die z. B. durch 1 . . . . , . . . sich ergiebt, die symmetrische Ergänzung bildet."

Die Redaction der Schachzeitung selbst schliesst hieran nun noch folgenden Passus:

„Dem vorstehenden ausführlichen Bericht, an dem wir nur das Wenige geändert, blos angedeutet oder weggelassen haben, was die Lösung der erst letzthin publicirten Probleme zu nahe legt, ist nicht viel hinzuzufügen. Die Characterisirung der einzelnen Aufgaben und die allgemeinen Bemerkungen über Problemcomposition scheinen uns allenthalben sehr zutreffend zu sein. Dagegen gehören wir freilich zu Denjenigen, welche geneigt sind, die Vorzüge der Minckwitz'schen Sendung über die der Geyerstam'schen zu stellen, selbstverständlich ohne die Probleme des nordischen Componisten zu missachten oder die Schwierigkeit, welche die gegenseitige Abwägung der Sendungen bietet, zu verkennen. Hier ist *de gustibus non disputandum*. Auf eine Darlegung, warum wir Minckwitz den Vorzug geben möchten, können wir jetzt nicht eingehen, weil dieses Beginnen ohne Verrathen der Lösungen unmöglich ist."

Urtheil des „Feierabend" über die Schrüfer'sche Bewerbung:

„Wir kommen nunmehr zu der letzten Sendung, welche für die Prämiirung in Aussicht genommen werden konnte, und es waren besonders die grossen Vorzüge des Vierzüglers, welche es uns schwer machten, dieselbe zu Gunsten der bereits besprochenen Concurrenten fallen zu lassen. Denn die Einleitung dieser Aufgabe ist eine vortrefflich schön und tief angelegte, so dass sie in dieser Beziehung allen gekrönten Aufgaben überlegen ist, und es ist um so mehr zu bedauern, dass die ausgezeichnete Exposition zum Schlusse in dünnem Sande verläuft. Lediglich mit einer Einleitungsidee haben wir es zu thun, welche mit den beiden ersten Zügen völlig erschöpft ist; das hohe Interesse, welches dieselben erwecken, weicht der nüchternsten Enttäuschung, sobald es zum Schlusse geht, und es ist wirklich schade, dass es dem Verfasser nicht gelungen ist, den letztern durch eine andere Wahl frisch und lebendig zu gestalten. Ein Meisterwerk hätte er dann geschaffen, wie es sonst nur unsern grössten Componisten zu gelingen pflegt, die es verstehen solche unscheinbare Drohungen durchzuführen und die Mittel einer vielseitigen kräftigen Vertheidigung in den Kreis der vorgeschriebenen Zügezahl zu bannen, so dass ein reiches und interessantes Variantenspiel der Ideevariante sich anschmiegt, als wäre es mit demselben aufs Innigste verwachsen. Unendlich mühsam ist diese Art des Componirens, eine Fülle von Scharfsinn und grübelnder Geduld concentrirt sich in einem einzigen so entstandenen Problem; wenn aber zugleich ein wählerischer, feingebildeter Geschmack dieses Mühen unterstützt, so ist das Ergebniss ein Kunstwerk, welches, gleichsam wie „aus einem Gusse entstanden" den Stempel der Vollendung trägt. In der Composition ein Meisterstück, entbehrt die Aufgabe denjenigen Grad von Schönheit, welcher die Werke unserer besten Componisten durchweg auszeichnet: was wir als Variantenspiel bewundern müssen, kann als Ideevariante nicht voll befriedigen. Und wie schön sind die Varianten durchdacht, wie vortrefflich ist das Spiel gegen 1) . . . . . E7 — E6, gegen 1) . . . . . . Lc8 — a6 und gar gegen 1) . . . . . Lc8 — f5, welches wir als das Ideal einer schönen Variante hinstellen würden — wenn es nicht Hauptspiel sein müsste.

Wir haben die Gelegenheit gehabt, des Verfassers Ringen und Streben zu höhern Zielen während einer Reihe von Jahren zu beobachten und wir können ihm unsere hohe Anerkennung des Erreichten nicht versagen. Noch ein Schritt, ein letzter und schwerer Schritt, und er wird gegen unsere berühmtesten Turnierhelden mit Erfolg in die Schranken treten können. Möge dieser Schritt ihm bald gelingen; im Interesse der schönen Problemkunst ist dies unser eifriger Wunsch.

Von dem Dreizügler der Schrüfer'schen Sendung ist ein weiter Schritt— bergab! Ein nettes Stück, wie in ähnlicher Güte sie die Zeitungen zu Hunderten bringen: gute Mittelwaare. — Das ist diese Aufgabe, aber an Turnierfähigkeit bietet sie kaum mehr als Geyerstam's Dreizügler. Was nutzt es ihr, dass einige Verführungsmomente in ihr enthalten sind, da der erste Zug der Intention noch mehr des Verführerischen bietet; was nutzen ihr der Reiz zweier Figurenopfer und ein paar saubere Matstellungen, da dieselben völlig dem Blicke sich enthüllen? für ein Turnier lange nicht genug. Spröde muss die Schöne sein; je schwieriger zu erobern, desto lockender und befriedigender ihr endlicher Gewinn; die allzuwillige Ergebung macht auch gegen verschwenderische Reize bald gleichgültig — und verschwenderisch sind die Reize dieser Aufgabe nun gerade nicht!"

Schliesslich noch das Urtheil der Preisrichter hinsichtlich der Arnell'schen Sendung, von welcher sie den zierlichen Stil rühmen und sagen, dass sie zu den besten der nicht gekrönten gehöre; die vierzügige sei die schwierigere.

Von den Concurrenz-Problemen selbst geben wir die 20 besten, sowie die beiden Widmungsaufgaben wieder und verweisen hinsichtlich der übrigen, schwächern Nummern auf die „Deutsche Schachzeitung".

Nr. 5.

JOHANN BERGER in Graz.

I. Preis. (I.)

(Lösungspreisaufgabe.)

Mat in vier Zügen.

Nr. 6.

JOHANN BERGER in Graz.

I. Preis. (II.)

Mat in drei Zügen.

Nr. 7.

FRITZ af GEYERSTAM in Upsala.

II. Preis. (I.)

Mat in vier Zügen.

Nr. 8.

FRITZ af GEYERSTAM in Upsala.

II. Preis. (II.)

Mat in drei Zügen.

Nr. 9.

J. Minckwitz in Leipzig.

Ehrenvoll belobt. (I.)

Mat in vier Zügen.

Nr. 10.

J. Minckwitz in Leipzig.

Ehrenvoll belobt. (II.)

Mat in drei Zügen.

Nr. 11.

Franz Schrüfer in Bamberg.

Mat in vier Zügen.

Nr. 12.

Franz Schrüfer in Bamberg.

Mat in drei Zügen.

Nr. 13.

A. Arnell in Göteborg.

Matin vier Zügen.

Nr. 14.

A. Arnell in Göteborg.

Mat in drei Zügen.

Nr. 15.

Robert Braune in Gottschee.

Mat in drei Zügen.

Nr. 16.

H. Hundt in Aachen.

Mat in drei Zügen.

Nr. 17.

Léon Guinet in Lyon.

Mat in drei Zügen.

Nr. 18.

Léon Guinet in Lyon.

Mat in vier Zügen.

Nr. 19.

S. A. Wolff in Coethen.

Mat in drei Zügen.

Nr. 20.

S. A. Wolff in Coethen.

Mat in vier Zügen.

Nr. 21.

F. W. Blehr in Christiania.

Mat in drei Zügen.

Nr. 22.

Nicholaus Grimm in Prag.

Mat in drei Zügen.

Nr. 23.

C. F. Wennberg in Barnap.

Mat in drei Zügen.

Nr. 24.

Friedrich Dubbe in Rostock.

Mat in drei Zügen.

Nr. 25.

Den Preisrichtern im rheinischen Problemturnier 1877

Herren **Kohtz** und **Kockelkorn**

gewidmet von

JOHANN BERGER in Graz.

Mat in vier Zügen.

Nr. 26.

Den Preisrichtern im rheinischen Problemturnier 1877

Herren **Kohtz** und **Kockelkorn**

gewidmet von

FRITZ AF GEYERSTAM in Upsala.

Mat in vier Zügen.

Partieen aus dem Allgemeinen Haupt-Turnier.

(Man vergleiche die Turniertabelle Seite 18.)

IV. Französische Partie.

	Wemmers. Weiss.	Metger. Schwarz.
1.	e4	e6
2.	d4	d5
3.	e5[a])	c5
4.	c3	Db6
5.	Sf3[b])	Sc6
6.	Le2	cd
7.	cd	Lb4†
8.	Sc3	f6
9.	ef	Sf6:
10.	0—0	0—0
11.	Ld3	Ld7
12.	Se2	Ld6
13.	a3	Tae8
14.	Sg3	Lg3:
15.	hg	Kh8
16.	Lc2	e5
17.	de	Se5:
18.	Se5:	Te5:
19.	Lf4	Sg4[c])
20.	Dd2	Th5
21.	b3?[d])	Df6
22.	Tad1[e])	g5?
23.	Dd5:	

Schwarz giebt in drei Zügen mat.

Erläuterungen.

a) Dieser Zug ist bekanntlich nicht empfehlenswerth; Schwarz behandelt die Eröffnung übrigens theoretisch ganz richtig.

b) Besser wäre zunächst f2—f4.

c) Schwarz spielt die Partie vortrefflich.

d) Hier musste unbedingt Ld1 geschehen, um den Springer abzutauschen.

e) Weiss ist verloren; zöge er jetzt Ld1, so würde Da1: 23. Lg4:, Th1† die Folge sein.

V. Schottische Partie.

	Zukertort. Weiss.	Göring. Schwarz.
1.	e4	e5
2.	Sf3	Sc6
3.	d4	ed
4.	Sd4:	Lc5
5.	Le3	Df6
6.	c3	Sge7
7.	Lc4	Se5
8.	Le2	0—0
9.	0—0 [a])	d5
10.	f4	Sc4
11.	e5	Dg6
12.	Lc4:	dc
13.	f5	Db6
14.	Sd2 [b])	Lf5: [c])
15.	Sc4:	Ld4:
16.	Ld4:	Dg6
17.	Se3	Tad8!
18.	De1	Le4
19.	Tf4	h5!
20.	Df2	b6
21.	b4	Tc8
22.	b5	c5
23.	bc e. p.	Sc6:
24.	Dh4	Lb1
25.	De1	Le4
26.	Dh4	Lb1
27.	De1	Le4
	Remis.	

Erläuterungen.

a) Sofort f4 ist vorzuziehen, da der Springer dann nicht nach c4 gehen kann.

b) Der verführerisch aussehende Zug f6 wendet das Spiel zu Gunsten des Nachziehenden, z. B. 14. f6, Sg6! 15. Dh5 (fg, Te8!), Db2: 16. Lh6, Te8 17. Lg7:, Te5: 18. Dh6, Lg4 19. Lh8, Lf8 etc.

c) Auf Db2: folgt Sc4: nebst Tc1 (falls Dc3:).

VI. Französische Partie.

	Schallopp. Weiss.	Metger. Schwarz.
1.	e4	e6
2.	d4	d5
3.	Sc3	Sf6
4.	Ld3	c5
5.	Sf3	Sc6
6.	Lf4	a6
7.	ed	Sd5:
8.	Sd5:	Dd5:
9.	c4	Dd8
10.	d5 [a])	ed
11.	cd	Dd5:
12.	0—0	Le6

Erläuterungen.

a) In Folge dieses Bauernopfers erhält Weiss einen guten Angriff.

13.	Db1	Lc7	36.	Lc7	Td7
14.	Le4	Dh5	37.	Le5	g5
15.	Lc6†	cb	38.	g3	h5
16.	Se5	Ld5	39.	Ta7	Ta7:
17.	Te1	0—0	40.	Ta7:	Kf8
18.	Te3[b])	f5	41.	Tc7	h4
19.	Df1	Ld6	42.	Ld6†	Kg8
20.	Th3	De8	43.	fg	hg
21.	Te1	Le5:	44.	Lg3:	Tg4
22.	Le5:	Dd7	45.	Tc6:	Tg5:[e])
23.	f4	Tf7[c])	46.	Kf2	Kf7
24.	Df2	La2:??	47.	Kf3	Tg4
25.	b3	Lb3:	48.	h4	Kg7
26.	Tb3:	Dd5	49.	h5	Kh7
27.	Tc3	c4	50.	Lf4	Th4
28.	Dd4	Dd4†	51.	Tc7†	Kg8
29.	Ld4:	Td7[d])	52.	h6	Th3†
30.	Tc4:	a5	53.	Kg2	Th4
31.	Ta4	Tad8	54.	Kg3	Tg4†
32.	Lc3	Td3	55.	Kf3	Th4
33.	La5:	Ta8	56.	Lg5	Th1
34.	Tea1	Te8	57.	Kf4	Aufg.
35.	T4a2	Te4			

Erläuterungen.

b) Durch Sc6: könnte Weiss seinen Bauer zurückgewinnen.

c) Ohne den folgenden groben Fehler von Schwarz würde das Spiel nun vermuthlich remis geworden und Metger, welcher mit 3 Partieen im Plus stand, mit Zukertort zum Stechen gekommen sein.

d) Schwarz wehrt sich nun noch aus Leibeskräften, aber der unbarmherzige Gegner macht alle seine Hoffnungen auf den ersten oder zweiten Preis zu nichte.

e) f4 darf wegen Tc4 nicht geschehen.

VII. Unregelmässige Eröffnung.

	Zukertort. Weiss.	Metger. Schwarz.			
1.	d4	e6	15.	Le1 [e])	Le5:
2.	Sf3	d5	16.	fe [f])	Sg4
3.	c4	Sf6	17.	De2 [g])	Dg5 [h])
4.	e3	b6	18.	Le4:	fe
5.	Sc3	Lb7	19.	Ld2	cd
6.	cd [a])	ed	20.	ed	e3
7.	Ld3	Ld6	21.	Le1	Tf1†
8.	0—0	0—0 [b])	22.	Df1:	e2
9.	Ld2	c5	23.	Se2:	Tf8
10.	Tc1	Sbd7	24.	Sf4:	Df4: [i])
11.	Sh4 [c])	g6	25.	Df4:	Tf4:
12.	f4	Se4	26.	h3	Se3
13.	Sf3 [d])	f5	27.	Ld2	Te4
14.	Se5	Sdf6	28.	Tc7	La6
			29.	Ta7:	Lc4
			30.	b3	Ld3

Erläuterungen.

a) Dieser Abtausch ist nur günstig für Schwarz, weil dessen Damenläufer dadurch mehr Spielraum bekommt.

b) Wir ziehen das schwarze Spiel der schlechten Stellung des weissen Damenläufers wegen vor.

c) Dieser Zug ist von fraglicher Güte.

d) Vergl. die vorhergehende Bemerkung.

e) Dieser Zug, der bei oberflächlicher Betrachtung gewiss nicht schlecht aussieht, führt den Ruin des weissen Spieles herbei. Weiss hätte den (oder die) Springer auf e4 abtauschen sollen, um seine Stellung zu erleichtern. Schwarz benutzt die geringfügige Blösse, die ihm der Gegner giebt, mit voller Meisterschaft.

f) Auch bei de bekommt Schwarz einen starken Angriff.

g) Auf Le4: folgt Se3: 18. De2, de 19. De3:, cd und Schwarz hat einen Bauer gewonnen und ein vortreffliches Spiel.

h) Doppeldrohung e3 und cd! Schwarz gewinnt nun einen Officier.

i) Schwarz hat seinen Vortheil mit grösster Consequenz ausgenutzt, hier wäre jedoch Tf4: weit stärker.

31.	Tb7	b5	38.	Lf2	Ta2:
32.	g4	h5	39.	Td8†	Kg7
33.	gh	gh	40.	Le1	Le4
34.	Td7	Sf5	41.	Td7†	Kg6
35.	Td5:	Te2	42.	Lb4	Sg3
36.	Lg5	Sg3[k])	43.	Td6†	Kg5
37.	Lh4	Sf5		Aufg.	

Erläuterungen.

k) Sofort entscheidend wäre Le4.

VIII. Spanische Partie.

	Göring. Weiss.	Wemmers. Schwarz.			
1.	e4	e5	11.	Sg3[b])	Sb3:
2.	Sf3	Sc6	12.	ab	Sh7
3.	Lb5	a6	13.	d4[c])	ed
4.	La4	Sf6	14.	Sd4:	Dh4
5.	Sc3	Lc5	15.	Dd3[d])	Ld4:
6.	0—0[a])	b5	16.	Dd4:	Le6
7.	Lb3	d6	17.	Kh2[e])	f5
8.	h3	0—0	18.	f4	fe
9.	d3	h6	19.	f5	Ld7
10.	Se2	Sa5	20.	Se4:	Tae8
			21.	Tf4	De7
			22.	Dd5†[f])	Df7

Erläuterungen.

a) Stärker ist Se5:

b) Hier käme zuvor g4 in Betracht.

c) Besser wäre Sf5 (Lf5: 14. ef, Df6 15. g4) nebst g4.

d) Vorzuzieheh war 15. Le3, Sg5 16. Sf3, Sf3† 17. Df3:, Le3: 18. De3: etc.

e) Besser wäre wohl Dd3.

f) Der Damentausch ist nicht empfehlenswerth für Weiss; statt dessen könnte besser Sg3 (De5, Dd3) nebst Ld2 geschehen; das weisse Spiel gefällt uns in diesem Falle ausnehmend gut. Die nun folgenden Springermanipulationen des Schwarzen sind recht hübsch.

23.	Df7‡	Tf7:	35.	Sb5:	Lc4
24.	Sg3	Te1!	36.	Ta8†	Kh7
25.	b4	Sf6	37.	Sc3	Tf1†
26.	b3	Sd5	38.	Kh2	Tf2
27.	Td4	Se3	39.	Le3	Tc2
28.	Te4	Sf1†	40.	Ta3	Lf1
29.	Kg1	Te4:	41.	Kg1	Lg2:
30.	Se4:	Lf5:	42.	h4	Lh3
31.	Sc3	Sg3	43.	Lf2	Sf4
32.	Lf4	Sh5	44.	Se4	Lf5
33.	Ld2[g]	Lc2:		Aufg.	
34.	Ta6:	Lb3:			

Erläuterungen.

g) Besser war Le3.

IX. Schottisches Gambit.

	Göring. Weiss.	X. Schwarz.			
1.	e4	e5	7.	Sc3	Lb4
2.	Sf3	Sc6	8.	Ld3	Lf5[b]
3.	d4	ed	9.	0—0	Lc3:
4.	c3	d5	10.	bc	Ld3:
5.	ed	Dd5:	11.	Dd3:	0—0
6.	cd	Sf6[a]	12.	Le3	Tad8
			13.	c4[c]	Dh5
			14.	Tb1	b6

Erläuterungen.

a) Die „Schachzeitung" giebt hier die Variante: 6 . . . ., Lg4 7. Le2, 0—0—0 8. Le3, Da5† 9. Sc3, Lc5 10. 0—0, Lf3: 11. Lf3:, Sd4: 12. Ld4:, Ld4: 14. Db3, Db6 14. Df7:, Sh6 wegen des Zuges 15. Dc4! als für Schwarz nicht besonders günstig an, da Weiss einen wohl zu starken Angriff erhalte.

b) Warum nicht Lg4?

c) Weiss hat infolge seiner starken Mittelbauern ein etwas besseres Spiel.

15.	Tb5	Dg6	38.	Tb1	Ta8
16.	Da3 d)	a5	39.	Ke3	b4
17.	Tg5	De4	40.	Kd3	a2
18.	Sd2	De7	41.	Ta1	b3
19.	Db2	Se4	42.	Kc3	Tb8
20.	Se4:	De4:	43.	Kb2	Kg7
21.	d5	f6	44.	g4	Tb4
22.	Tg3	Se5 e)	45.	Tf1	h6
23.	Ld4	Sc4:	46.	h4	Tb6
24.	Lf6:	Sb2:	47.	f5	Tb5
25.	Tg7†	Kh8	48.	Td1	Tb6
26.	Lb2:	Dc2	49.	g5	hg
27.	La1	Da2:	50.	hg	Tb7
28.	Tc7†	Kg8 f)	51.	Td6	Tf7
29.	Tg7†	Kh8	52.	Tg6†	Kh7
30.	Tg5†	Da1:	53.	Th6†	Kg7
31.	Ta1:	Td6	54.	f6†	Kg8
32.	Te1 g)	Tfd8	55.	Th1	Th7
33.	f4	Td5:	56.	Tg1	Tb7
34.	Te8† h)	Te8:	57.	g6	Tb8
35.	Td5:	a4	58.	Te1	Tf8??
36.	Kf2	a3	59.	f7† und gewinnt.	
37.	Td1	b5			

Erläuterungen.

d) Weiss beabsichtigt, Jagd auf die schwarze Dame zu machen.

e) Nun folgt eine höchst elegante Opfercombination von Weiss, welche jedoch nur zum Ausgleich führt.

f) Schwarz sollte sofort den Läufer und dann den d-Bauer nehmen.

g) Weiss giebt den ihm von seinem Gegner gutwillig überlassenen Bauer freiwillig wieder auf: er sollte f3 (Tfd8, Tb1!) spielen und seinen König heranbringen.

h) Das schwarze Spiel gefällt uns nun besser; remis ist die Partie mindestens für den Nachziehenden.

X. Spanische Partie.

	Wemmers. Weiss.	Zukertort. Schwarz.			
1.	e4	e5	19.	ed	cd
2.	Sf3	Sc6	20.	cd	Lb7
3.	Lb5	Sf6	21.	0—0	0—0
4.	d3	d6	22.	Tae1 [d])	Tfe8
5.	Lc6†	bc	23.	Sb4	Tbd8!
6.	h3	g6	24.	g5	h5
7.	Sc3	Lg7	25.	Sh4 [e])	a5
8.	Le3	c5	26.	Sc2	Ld5:
9.	Dd2	h6	27.	f3	Tc8
10.	Se2	Tb8	28.	Df2	Le6
11.	c4	Sg8 [a])	29.	Kg2	Tc3 [f])
12.	g4	Se7	30.	Dd2	Da6
13.	Sc3 [b])	Sc6	31.	Td1	Dc8
14.	b3	Sd4	32.	Tf2	Lh3†
15.	Ld4:	cd	33.	Kh2	Ld7
16.	Sd5 [c])	c6	34.	Sa3	a4
17.	Sb4	Db6	35.	Sc4	ab
18.	Sc2	d5	36.	Sd6 [g])	Db8!
			37.	Se4 [h])	Tc2
			38.	De1	Tf2†? [i])

Erläuterungen.

[a]) Schwarz bringt auf diesem, nicht mehr ungewöhnlichen Wege den Springer früher in's Spiel als über d7.

[b]) Der Springer gehört nach g3.

[c]) Zeitverlust! der Springer sollte lieber wieder nach e2 gehen.

[d]) Besser war Tfe1.

[e]) Weiss sollte suchen, den Springer nach e4 zu bringen; auf h4 steht derselbe ebenso schlecht, wie der andere auf c2.

[f]) Der Nachziehende kommt nun in entscheidenden Vortheil; seine nächsten Züge sind ausgezeichnet.

[g]) Weiss denkt Qualität zu gewinnen, täuscht sich aber gewaltig; weit besser war ab.

[h]) Auf Sd8: geschieht e4† nebst e3!

[i]) Uebereilt! Ta2: war viel kürzerer Process.

39.	Df2:	Lc6	50.	Sf3	Df4†
40.	Tb1	ba	51.	Df4:	ef
41.	Da2:	Dd8	52.	Sg5†	Kg8
42.	Tg1	Le4:	53.	Kh3	Tb5
43.	fe	Da8	54.	Se6	g5
44.	Db3	Tb8	55.	Kh2	Kf7
45.	Dd1	Da2†	56.	Sd8†	Ke7
46.	Tg2	Db1	57.	Sc6†	Kd7
47.	Df3	Dc1	58.	Tc2	g4
48.	Tf2	Dg5:		Aufg.	
49.	Df7‡	Kh7			

XI. Sicilianische Partie.

	Wemmers.	Schallopp.			
	Weiss.	Schwarz.	10.	ed	ed
			9.	Kh1	d5
1.	e4	c5	11.	Lb3 b)	Le6
2.	Sf3	e6	12.	f4	Sd4:
3.	Sc3	Sc6	13.	Ld4:	Dc8
4.	d4	cd	14.	f5 c)	Lf5:
5.	Sd4:	a6	15.	Lf6:	Lf6:
6.	Lc4	Sf6	16.	Sd5:	Ld8
7.	0—0	Le7	17.	Df3	Le6 d)
8.	Le3	0—0 a)	18.	Tae1	a5? e)

Erläuterungen.

a) Hier und auch noch im nächsten Zuge empfiehlt sich für Schwarz Se4:! nebst d5; der weisse Läufer geht daher besser nicht nach c4, sondern nach e2.

b) Weiss hat nun das überlegene Spiel; der Bauer d5 ist recht schwach.

c) Stärker ist Df3; die gewählte Fortsetzung dient nur dazu, einen guten Angriffsbauer gegen den gefährdeten gegnerischen Damenbauer einzutauschen.

d) Der Läufer griffe besser zunächst die Dame an.

e) In Folge dieses schwachen Zuges kommt der Nachziehende, der durch Tb8 (nebst event. Ld5: und Lf6) das Spiel völlig zum Ausgleich bringen konnte (vergl. die c-Bemerkung), ins Hintertreffen. Auf 18 . . . ., Dc5

19.	Te6:	De6:	30.	Kf1	Lh2:!
20.	Sc7	Dc8	31.	De3[h]	Lc7?[i]
21.	Sa8:	Da8:	32.	Lf7‡	Df7:
22.	Dg4[f]	Da6	33.	Tf7:	Tf7‡
23.	Lc4	Dc6	34.	Kg2	g5[k]
24.	a4[g]	h5	35.	De8†	Kg7
25.	De2	h4	36.	Db5	Ld8
26.	b3	h3	37.	Dd5	Lf6
27.	Tf3	hg†	38.	Da5:	Kg6
28.	Kg2:	Lc7	39.	Dd5	Te7
29.	De7	Dg6†.	40.	c4	und Weiss gewann.

Erläuterungen.

könnte ebenfalls Te6: geschehen, z. B. 19. Te6:, fe 20. Sf4, Lb6 21. Se6:, Tf3: 22. Sc5‡, Kh8 23. Tf3:, Lc5:, oder 20 . . . ., Kh8 21. Sg6† etc.

f) Warum nicht einfach Ld5? Trotz der verschiedenfarbigen Läufer hat Weiss dann viele Gewinnchancen. Nun kommt das Spiel wieder zum Ausgleich.

g) Dieser Bauer darf wegen Tf7: nicht genommen werden.

h) Lf7‡ geht offenbar nicht wegen Df7:

i) Ein entscheidender Fehler; der richtige Zug war Ld6 (Db6, Dh6).

k) Schwarz sollte suchen, den b-Bauer nach b6, Lc5, Tf6 zu bringen; er hätte dann noch einige Remischancen.

Verschiedene Partieen.

XII. Schottisches Gambit.

(Aus dem zweiten Gange des rheinischen Hauptturniers.)

	G. Kist aus Köln. Weiss.	W. Kirdorf aus Crefeld. Schwarz.			
1.	e4	e5	2.	Sf3	Sc6
			3.	d4	ed
			4.	Sd4:	Lc5
			5.	Sc6:	bc[a]

Erläuterungen.

a) Der richtige Zug ist natürlich Df6.

6.	Ld3	Se7
7.	0—0	Sg6
8.	Le3	Lb6 b)
9.	Lb6:	ab
10.	f4	0—0
11.	Sd2	f6
12.	a3	De8
13.	Dh5	Ta5
14.	f5	Se5
15.	De2	d5
16.	Tae1	Ld7
17.	Sf3	Kh8
18.	Se5:	De5:
19.	ed	Td5:
20.	De5:	Te5:
21.	Te5:	fe
22.	g4	h6
23.	Le4	Tf6 c)
24.	Te1	Tf8
25.	Td1	Tf7
26.	Kg2	Kg8
27.	a4	Kf8
28.	b4	Ke7
29.	a5	ba
30.	ba	Tf8
31.	a6	Ta8
32.	Ta1	Ta7
33.	h4	Lc8
34.	Ld3	Kf6
35.	Kf3	Ld7
36.	Ke4	Lc8
37.	g5†	hg
38.	hg	Kg5:
39.	Ke5:	Kh6
40.	f6 d)	gf†
41.	Kf6:	Kh5
42.	Lf5 e)	Lf5:
43.	Kf5:	Kh6
44.	Ke6 und Weiss gewinnt.	

Erläuterungen.

b) Schwarz sollte tauschen und seinen Springer nach e5 bringen.

c) Der richtige Zug war Tf7 nebst c5; Weiss kommt nun, da Schwarz mehrere Tempi verliert, in Vortheil.

d) Viel stärker war Th1†, nebst Le2.

e) 42. Ta4, Lg4 43. Lg6†, Kh4 44. Lf5 würde eine raschere Entscheidung herbeigeführt haben, indessen — es ist auch so gut!

XIII. Französische Partie.

(Aus dem dritten Gange des rheinischen Hauptturniers.)

	G. Kist aus Köln	Ed. Hammacher.
1.	e4	e6
2.	d4	d5
3.	ed	ed
4.	Ld3	Ld6
5.	Sf3	Sf6
6.	0—0	0—0

7.	Lg5	Le6	33.	Sc4:	dc
8.	Se5[a)]	Sc6[b)]	34.	Dc3	Tgf8
9.	Sc6:	bc	35.	d5	cd
10.	f4	Le7[c)]	36.	Dd4	Db6
11.	f5	Ld7	37.	Db6:	Tb6:
12.	Sd2	c5	38.	Td5:[e)]	Tf2
13.	c3	cd	39.	Tb1[f)]	b4
14.	cd	a6	40.	ab	Tb4:
15.	Df3	Lb5	41.	Tc5	Tc2
16.	Lb5:	ab	42.	Tc7	c3
17.	a3	Ta6	43.	Ta1	Tcb2:
18.	De2	Dd6	44.	h3?[g)]	Tb1†
19.	Tc1	Ld8	45.	Tb1:	Tb1‡
20.	Tfe1	Dd7	46.	Kg2	Tb2†
21.	Dd3	Se8	47.	Kf3	Th2
22.	Ld8:	Dd8:	48.	Kg3	Tc2
23.	Dg3	Tf6	49.	Kh4	h6
24.	Df3	Dd7	50.	Kg3	Tc1
25.	Te5	c6	51.	Kf2	c2
26.	Kh1[d)]	Sd6	52.	Ke2	Th1
27.	g4	g6	53.	Tc2:	Th3:
28.	Tg1	Kh8	54.	Tc4	Kg7
29.	Dg3	Tg8	55.	Kf2	Kf6
30.	Dh4	Dd8	56.	Tc5	Ta3
31.	fg	fg	57.	Tb5	Td3
32.	De1	Sc4	58.	Kg2	Te3

Erläuterungen.

a) Vorzeitig; Weiss sollte den Damenspringer entwickeln.

b) Viel besser war c5.

c) Tempoverlust; gleich c5 war besser.

d) Weiss sollte seinen Springer nach c5 spielen.

e) Das Spiel steht auf Remis.

f) Stärker war Te1.

g) Weiss hätte durch Ta8† nebst Ta7 remis halten sollen; nun verliert er die Partie.

59.	Kf2	Te5	63.	Kf2	Ke4
60.	Te5:	Ke5:	64.	Kg2	Kf5
61.	Ke3	g5	65.	Kh3	Kf3
62.	Kf3	Kd4		Aufg.	

XIV. Läuferspiel.

(Aus der Blindlingsproduction.)

	Dr. Saemann aus Wiesbaden Weiss.	Schallopp (blindlings). Schwarz.			
1.	e4	e5	22.	gf	g2
2.	Lc4	f5	23.	Sg3	Tf4:
3.	Lg8:? [a])	Tg8:	24.	d4	Ld6
4.	ef	d5	25.	0—0—0	Tf2
5.	Dh5†	g6	26.	e5	Se5:
6.	fg	Tg6:	27.	de	Le5:
7.	h3	Df6	28.	Te1	Lh3:
8.	d3	Sc6	29.	f7	Lg3:
9.	c3	Le6	30.	Sg3:	Tf7:
10.	Se2	0—0—0 [b])	31.	Kd2	Tf3
11.	Df3	Dg7	32.	Se2	Tf1
12.	g4	Tf6	33.	Sg1	Te1:
13.	Dg2	Lc5	34.	Ke1:	Lf5
14.	Tf1	h5	35.	Kf2	Le4
15.	f3	Tdf8	36.	Se2	c5
16.	Sd2	e4	37.	Sg3	g1D†
17.	fe	Tf1†	38.	Kg1:	Kd7
18.	Sf1:	Tf2	39.	Se4:	de
19.	Dg3	Df6	40.	Kf2	Ke6
20.	Lf4	h4	41.	Ke3	Ke5
21.	g5	hg	42.	b3	b5
			43.	a3	a5
			44.	b4	ab
				Aufg.	

Erläuterungen.

a) Diese Fortsetzung ist natürlich nur günstig für Schwarz.

b) Schwarz hat nun einen unwiderstehlichen Angriff.

XV. Spanische Partie.

(Berathungspartie, gespielt am 16. August 1877.)

Hammacher, Leffmann, Kockelkorn, Wemmers.*) — Zukertort.

	Weiss.	Schwarz.
1.	e4	e5
2.	Sf3	Sc6
3.	Lb5	a6
4.	La4	Sf6
5.	0—0	Se4:
6.	d4	b5
7.	Lb3	d5
8.	de	Se7
9.	Sg5 a)	Sg5:
10.	Lg5:	Lb7
11.	Df3	c5
12.	c3	Dd7
13.	Sd2	Sg6 b)
14.	Tfe1	d4? c)
15.	e6	fe
16.	Te6‡	Le7 d)
17.	Df7† e)	Kd8
18.	Te7:	Se7:
19.	Te1	Te8
20.	Le6	Dd6
21.	Lg4	h6 f)
22.	Le7‡	Te7:
23.	Df8†	Aufg.

Erläuterungen.

a) Eine Neuerung, die Manches für sich zu haben scheint; gewöhnlich geschieht hier Le3 nebst Sbd2 und c3.

b) Bis hierher hat Schwarz mit gewohnter Meisterschaft gespielt, sein nächster Zug aber ist ein Fehler, der die Partie zu Gunsten der weissen Partei gestaltet.

c) Statt dessen sollte h6, nebst Le7 geschehen.

d) Schwarz darf natürlich den Thurm wegen Db7: nicht nehmen.

e) Elegant und entscheidend!

f) Schwarz ist rettungslos.

XVI. Vierspringerspiel.

(Berathungspartie, gespielt am 16. August.)

Zukertort. — Hammacher, Leffmann, Kockelkorn, Wemmers.

	Weiss.	Schwarz.
1.	e4	e5
2.	Sc3	Sc6
3.	Sf3	Sf6
4.	Lb5	Lc5
5.	0—0 a)	d6

Erläuterungen.

a) Stärker ist Se5:

*) Viele Köche etc. Mehr als Drei sollten nicht berathen.

	Weiss	Schwarz
6.	d4	ed
7.	Sd4:	Ld7
8.	Sf5	0–0
9.	Lg5	h6[b]
10.	Lh4	Kh7?[c]
11.	Sg7:	Kg7:
12.	Sd5	Ld4
13.	c3	Se7
14.	Ld7:[d]	Lc3:
15.	Se7:[e]	De7:
16.	Lf5	Lb2:
17.	Tb1	De5
18.	Dc2	Ld4
19.	Tb3	Sh5?[f]
20.	Dd1	Sf6[g]
21.	Tg3†	Kh8
22.	Dc1	Sg8
23.	Td1	Tae8
24.	Tdd3	Te6[h]
25.	Le6:	fe
26.	Tdf3	Tf3:
27.	gf	c5
28.	Dc4	a6
29.	Tg6	d5
30.	Da4	Db8
31.	Dd7	de
32.	fe	b5
33.	De6:	c4
34.	Lg3	Df8
35.	e5	c3
36.	Tg8‡	Dg8:
37.	Dh6‡	Dh7
38.	Df8†	Dg8
39	Df6†	Dg7
40.	Dd8† und Weiss gewann.	

Erläuterungen.

b) Hier käme auch Se5 in Betracht.

c) Ein entscheidender Fehler; Schwarz hätte unbedingt Se5 spielen sollen; dagegen würde auf a6 ebenfalls Sg7: folgen können, z. B.: 10 . . . . , a6 11. Sg7:, Kg7: (auf ab natürlich Sh5) 12. Sd5, ab (falls Ld4, so Fortsetzung wie in der Partie) 13. Lf6‡, Df6: 14. Sf6:, Kf6:, wobei es indessen zweifelhaft bleibt, ob der Kampf von Dame gegen drei kleine Officiere für Weiss zum Vortheil ausschlägt.

d) auf cd folgt Sed5: 15. Ld7:, Dd7: 16. ed, Sd5: mit gutem Spiel für Schwarz.

e) Besser wäre bc, worauf Sed5: 16. Lf5, Se7 17. f4 die Fortsetzung sein könnte.

f) Nachdem Schwarz seine Stellung einigermaassen gesichert hat, macht er einen zweiten schwachen Zug, der ihm das Spiel kostet; statt dessen hätte er Th8 spielen sollen. Viele Köche!

g) Auf Sf4 geht derselbe durch Lg3 verloren. Von diesem Punkte an führt Zukertort die Partie musterhaft.

h) Nothwendig wegen des drohenden Tg8‡.

XVII. Kieseritzky-Gambit.

(Berathungspartie, gespielt am 23. August 1877.)

	Zukertort. Weiss.	Hammacher, Kockelkorn, Wemmers. Schwarz.			
1.	e4	e5	12.	Sd2	Le6
2.	f4	ef	13.	c4	0—0—0
3.	Sf3	g5	14.	a4 e)	Lc4:
4.	h4	g4	15.	Sc4:	Sc4:
5.	Se5	Sc6 a)	16.	Tf4 f)	Se3
6.	Sc6:	dc	17.	De2	The8
7.	d4	Sf6	18.	Te1	Sg2:
8.	Lf4:	Se4:	19.	Lf5†	Kb8
9.	Ld3	Ld6! b)	20.	De8:	Se1:
10.	Ld6: c)	Sd6:	21.	De3	Sf3†
11.	0—0? d)	Dh4:	22.	Kf1 g)	Dh1†
			23.	Ke2	De1†
			24.	Kd3	Se5†
			25.	Ke4	Dh1†
				Aufg.	

Erläuterungen.

a) Diese Fortsetzung wird besonders von Neumann empfohlen; obwohl vielleicht etwas weniger gut, als die Paulsen'sche, genügt diese Vertheidigung doch vollkommen. Da übrigens seit vielen Jahren das Kieseritzky-Gambit aus begreiflichen Gründen mehr und mehr in Abnahme gekommen ist, so ist es kein Wunder, dass diese Vertheidigung wenig cultivirt worden ist.

b) Die Verbündeten treffen hier einen vorzüglichen Zug, der von der Theorie bisher unbeobachtet geblieben.

c) Statt dessen sollte Weiss sofort rochiren, wobei er nach Dh4:? durch 11. Te1 ein gutes Spiel erhalten würde.

d) Nun ist die Rochade schlecht.

e) Dieser Zug ist zwar, da Weiss nie mehr zum Angriff gelangt, schwach, der Anziehende steht aber schon so aussichtslos, dass wir eine besonders gute Fortsetzung nicht entdecken können.

f) Auf 16. Lc4: folgt g3, 17. Tf5!, Td4: 18. Dh5, Dh5: 19. Th5:, Tc4: und gewinnt.

g) Df3: scheitert an De1† 23. Df1, Dg3† 24. Kh1, Td6!

Lösungen der Aufgaben.

Nr. 5.

1.	Tg8	Sd7:
2.	Dg6	Kc5
3.	Dc6‡	Kc6:
4.	Tc8 ╪	
2.	......	Ke4
3.	Dg3 etc.	
2.	......	~
3.	Dg1† etc.	
1.	......	Ke4
2.	Dh5	~
3.	Df3† etc.	
1.	......	Sa5
2.	e3†	Ke4
3.	Sc5†	Kf3
4.	Dh5 ╪	
1.	......	Ta6
2.	e3†	Ke4
3.	Dh5	~
4.	Dh1 ╪	
1.	......	~
2.	e3†	Ke5
3.	Sc5 (f6)† etc.	

Nr. 6.

1.	Lc6	Lh3
2.	Se3‡	K~
3.	Da3 ╪	
1.	......	Ta1, Ld2 etc.
2.	Sf4‡	K~
3.	Df8 ╪	
1.	......	Kd3
2.	Lb5‡	K~
3.	Da4 resp. Se7 ╪	
1.	......	Kf5
2.	De8 etc.	

Auf andere Gegenzüge entscheidet Se3: oder Sf4: etc.

Nr. 7.

1.	Sc5:	Td3:
2.	Se4	Tf4, gf
3.	Dd6†	K~
4.	De6 ╪	
2.	......	Tc3
3.	Dd7† etc.	
2.	......	Kc6
3.	Tf6† etc.	
2.	......	Sf5
3.	Tf5‡ etc.	
1.	......	Tf4:, gf
2.	De6†	Kc5:
3.	Lb5	~
4.	Dc6 oder e5 ╪.	

1.	......	Te2
2.	Se4	Te4:
3.	Le4‡	Kc4
4.	D ✝	

1.	......	Sc7
2.	Sb7	Td3:
3.	Dc5†	Ke6
4.	Dd6 ✝	

1.	......	Sb6
2.	De6†	Kc5:
3.	Tf6	~
4.	Dd6, c4, c6 ✝	

1.	......	c1D
2.	Le4‡	Kc4
3.	De6†	K ~
4.	Sa4 oder Dc6 ✝	

Nr. 8.

1.	Tb3	Sd7
2.	De6‡	Ke6:
3.	Lg8 ✝	

1.	......	Se2:
2.	Le4†	Ke4: od. Kc5
3.	Sf6 od. Tb5 ✝	

1.	......	Lb3 od. cb
2.	De5† etc.	

1.	......	Sc6: Lb2:
2.	Tb5† etc.	

1.	......	Kc6
2.	De6‡ etc.	

Nr. 9.

1.	Tf7	Te2
2.	Dc8	Sc8:
3.	Ta2†	Sa2:
4.	b7 ✝	

1.	......	Ta2
2.	Te7:	Ta5
3.	Db8‡	Kb8:
4.	Te8 ✝	

1.	......	Sc6:
2.	Dc8	Se7
3.	Te7: etc.	

Nr. 10.

1.	Tb4	Ke6:
2.	Db3	Kf5 (f7)
3.	Se3: resp. Sd6† ✝	

1.	......	Sg4
2.	Db3	~
3.	Se3 ✝	

1.	......	Sf5
2.	Sb6†	~
3.	Dc4 od. b3 ✝	

1.	......	~
2.	Se3‡ etc.	

Nr. 11.

1.	Tb6	Lh3 (g4, f5)
2.	Te6	Se6:
3.	Sd7	Sd4:
4.	Sc5 ✝	

2. . . . . . . Le6
3. Sd3 ~
4. Sc5 ‡

1. . . . . . . e6
2. Kb1 Lb4
3. Ka2 etc.

1. . . . . . . Sf5
2. Se6 etc.

1. . . . . . . Ld7 (a6)
2. Sd7 e6
3. Td6 etc.

1. . . . . . . h5
2. Sc2 Sb5
3. Tb5: etc.

Nr. 12.

1. Lg5 Sg5:
2. d4† K~
3. Sh5 oder Sf5 ‡

1. . . . . . . Sd2:
2. d4† Kd6
3. Sf5 ‡

1. . . . . . . Lf8
2. Lf6† Kf4: od. d6
3. S ‡

1. . . . . . . Kd6
2. Sf5† etc.

1. . . . . . . ~
2. Te4† Kd6
3. Le7 ‡

Nr. 13.

1. Ld5 Ke2:
2. Db8 Ke3
3. Dh2 ~
4. Dh6 resp. d2 ‡

2. . . . . . . Kd1
3. Db1† etc.

1. . . . . . . Lb5
2. Df8 Ke2:
3. Dh6 etc.

1. . . . . . . Le2:
2. De8† Kf4
3. De4† etc.

1. . . . . . . Lc8
2. Db8 ~
3. Df4 † etc.

Nr. 14.

1. Sb6 Kd4
2. Dc3† Kc3:
3. Sb5 ‡

1. . . . . . . Kf6
2. Dh8† K~
3. Sc8 oder Dh4 ‡

1.	. . . . . .	Kd6:
2.	Sd7	∼
3.	Df8 oder c5 ‡	

1.	. . . . . .	Sf6
2.	Dc5†	Sd5
3.	Sd7 ‡	

1.	. . . . . .	∼
2.	Sd7 etc.	

Nr. 15.

1.	Dg7	Se2
2.	Dg4†	Tg4:
3.	Sh3 ‡	

1.	. . . . . .	Sf3
2.	Te4†	Se4:
3.	Sd3 ‡	

1.	. . . . . .	Tg5
2.	Df6‡ etc.	

Nr. 16.

1.	Dd3	Kc5
2.	Dd4†	Kd4:
3.	Se6 ‡	

1.	. . . . . .	Ka5
2.	Dd4 etc.	

1.	. . . . . .	Kc7
2.	Se6†	Kb6
3.	Dd8 ‡	

1.	. . . . . .	∼
2.	Dd4† etc.	

Nr. 17.

1.	Se5	Kd4:
2.	Dc1	beliebig
3.	Df4 ‡	

1.	. . . . . .	Kf5
2.	Da3	beliebig
3.	Dd3, f3 f8 ‡	

1.	. . . . . .	Ke3
2.	Dd1 etc.	

1.	. . . . . .	c5
2.	Dc1 etc.	

Nr. 18.

1.	Ld2	Kb2
2.	Sc4†	Ka1
3.	Lc3†	dc
4.	Td1 ‡	

1.	. . . . . .	b2
2.	Lc3	dc
3.	Sc2†	Kb1
4.	Td1 ‡	

1.	. . . . . .	h3
2.	Lc3†	dc
3.	Td1†	Kb2
4.	Sc4 ‡	

Nr. 19.

1.	Lc4	Df1†
2.	Lf1	Sc3:
3.	Tg3†‡	

1.	. . . . . .	Df2†
2.	Sf2‡	Sf2
3.	Tc3 ‡	

1.	. . . . . .	~
2.	Le6‡ etc.	

Nr. 20.

1.	Sh6:	Kh6:!
2.	g8L	Kg6
3.	Tf5:	Kh5: (h6)
4.	Lh7 (Tf6:) ‡	

Nr. 21.

1.	Sc6	Kc6:
2.	Dc4†	Kd7
3.	Sf8 ‡	

1.	. . . . . .	Le4
2.	Db5†	Ke6:
3.	Sd8 ‡	

Nr. 22.

1.	Db2	Kf4
2.	e4	de od. 5dc
3.	De5 resp. Df2 ‡	

Nr. 23.

1.	Kb1	Dc1†
2.	Kc1:	fe od. ~
3.	Sc6 resp. D ‡	

1.	. . . . . .	Df3:
2.	Le3† etc.	

1.	. . . . . .	Tg8
2.	Le3	fe
3.	Sf7 ‡	

1.	. . . . . .	Sc8~
2.	De7† etc.	

Nr. 24.

1.	Lh5	Tc3:
2.	Ta4†	K~
3.	Le2, e8 od. f3 ‡	

1.	. . . . .	Ta2:
2.	Le2† etc.	

Nr. 25.

1.	Dh6	Lb5:
2.	Sd4	Ld3 (Ld7)
3.	De6 resp. g7† nebst	
4.	Df6 resp. g3 ‡	

1.	. . . . . .	Sc8
2.	Kg7	Sd6:
3.	Sd6: etc.	

1.	. . . . . .	Sb5:
2.	De3†	Kf6
3.	Sh4 etc.	

Diese Aufgabe zeichnet sich ebenso durch Eleganz des Ideenspiels, wie durch gediegene Ausarbeitung, die sich in verschiedenen guten Nebenvarianten und weitgehenden stillen Drohungen zu erkennen giebt, aus.

(„Feierabend.“)

Nr. 26.

1.	Sg3	Sd7
2.	Sf4	Se5
3.	De4†	Se4:
4.	Sf5 ‡	
2.	. . . . . .	h2
3.	De6	Se5
4.	Db6 ‡	

2.	. . . . . .	Ke3
3.	Sd5† etc.	
1.	. . . . . .	Ke3
2.	Dc5†	Kf3
3.	Df2†	Kg4
4.	Df4 ‡	

Mit der grossen Einfachheit der Stellung verbindet diese Aufgabe Eleganz und Schwierigkeit; besonders hervorzuheben ist die Ausnutzung aller vorhandenen Steine, die mit Ausnahme des Bauern auf h3 alle zum Hauptspiel unentbehrlich sind. Die geringen Vertheidigungsmittel genügen vollkommen, um einige recht gefällige Nebenspiele zu erzwingen, sodass keine stille Drohung des Weissen als Variante verloren geht.

(„Feierabend.“)

PROGRAMM

des

zwölften Schachcongresses in Frankfurt a. M.

am 27. bis 30. Juli 1878.

Samstag, 27. Juli, Abends 6 Uhr: Empfang der Bundesmitglieder und gesellige Vereinigung der Festtheilnehmer im Locale des Schach-Clubs, Brönnerstrasse No. 8. nächst der Zeil, woselbst auch die Festkarten von 5 Uhr Nachmittags an in Empfang genommen werden. Ausloosung zu den Turnieren.

Sonntag, 28. Juli, Morgens 9 Uhr: Beginn der Turniere im Gesellschaftshause des Zoologischen Gartens. Spielzeit 9—1 und 2—6 Uhr. Abends 7 Uhr Generalversammlung mit folgender Tagesordnung: Rechnungsablage pro 1877—78. Bestimmung des Vorortes für 1878—79. Berathung des Statutenentwurfs des Westdeutschen Schachbundes (vide Anhang). Neuwahl des Vorstandes. Abends 8½ Uhr: Festtafel.

Montag, 29. Juli, Morgens 9 Uhr: Fortsetzung der Turniere im Zoologischen Garten. Spielzeit 9—1 Uhr und 2—6 Uhr. Consultationspartieen. Abends 6½ Uhr (bei günstiger Witterung): Gesellige Vereinigung auf dem Forsthause im Frankfurter Stadtwalde.

Dienstag, 30. Juli, Morgens 9 Uhr: Fortsetzung der Turniere im Palmengarten. Spielzeit 9—12 Uhr. Um 1 Uhr gemeinschaftliches Diner. Mittags 3 Uhr: Grosse Blindlingsproduction. Nachmittags 5 Uhr: Preisvertheilung und Ueberreichung der Ehrendiplome an die Sieger in den bis dahin entschiedenen Turnieren.

Mittwoch, 31. Juli, Morgens 9 Uhr: Beendigung der etwa rückständigen Turnierpartieen im Club-Locale. Bei günstiger Witterung Ausflug in das Taunusgebirge.

Jeder Theilnehmer an den Turnieren hat sich genau nach der vom Specialcomité aufgestellten Turnier-Ordnung zu richten. Anmeldungen zum Meisterturnier und Westdeutschen Hauptturnier, sowie zu den beiden Nebenturnieren nimmt Herr Emil Rosenthal in Frankfurt a. M. und Herr Eduard Hammacher in Köln, Quirinstrasse 7, bis zum 25. Juli entgegen.

Die Schachvereine Westdeutschlands erwerben die Mitgliedschaft des Westdeutschen Schachbundes durch Zahlung eines jährlichen Minimal-Beitrages von $^1/_2$ Mark pro Kopf, doch muss jedes Mitglied eines solchen Vereins für die Theilnahme am Congress einen Minimal-Beitrag von 3 Mark zahlen.

Jeder Schachfreund, auch wenn er das Spiel nicht praktisch ausübt, wird durch einen Minimalbeitrag von 5 Mark Mitglied des Westdeutschen Schachbundes und hat als solches das Recht, allen Festlichkeiten beizuwohnen und Damen einzuführen.

Zum Besuche des Congresses werden ausserdem Tageskarten ausgegeben am Sonntag, 28. Juli, à 3 Mark und an den Wochentagen à 2 Mark.

Anmeldungen zur Mitgliedschaft können an jedes der unterzeichneten Vorstandsmitglieder gerichtet werden.

Frankfurt a. M., Mai 1878.

Der Vorstand des Westdeutschen Schachbundes.

Emil Rosenthal, Vorsitzender. **Leo Geiger**, **Jean M. Günther**, **Ludw. Mayer**, **F. W. Wiesen** in Frankfurt a. M. **Ed. Hammacher**, Director **A. Müller**, Freiherr **Albert von Oppenheim**, **C. Wemmers** in Köln. **Herm. Hundt**, Dr. **Schuster**, **D. Uhlhorn**, **Alb. Vossen** in Aachen. **Jul. Asbeck** jun., **Fr. Döpper**, **Jul. Erbslöh** jun., **W. Osthoff** in Barmen. **Jul. Ehlen**, **M. Herz**, **F. A. Hipp** in Crefeld. Rechtsanwalt **Meeger** in Dortmund. **Jos. Schrey** in Duisburg. **Felix Hagen**, **Adolf Wesche** in Düren. **M. Levy** in Düsseldorf. **Ad. Keller**, **Herm. Riefenstahl**, **Alfred Schlieper** in Elberfeld. **F. Lumbeck** in Langenberg. **Ernst Nölle**, **Herm. Rettinghaus** in Mülheim a. d. Ruhr. **Aug. Eskuchen** in Remscheid. **C. Lütters** in Solingen. Bürgermeister **Stosberg** in Dorp bei Solingen. **A. Schneider** in Witten a. d. Ruhr. Bürgermeister **Ad. Mayer** in Eupen. **C. Hoeing** in Hagen. Dr. **Richter** in Siegen. **C. Freystedt** in Braunschweig. Dr. **Oscar Saemann** in Wiesbaden.

Turnier-Ordnung

für den

XII. Schach-Congress in Frankfurt a. M. vom 27. bis 30. Juli 1878.

I. Bestimmungen über die verschiedenen Turniere.

A. Meisterturnier

unter Leitung des Herrn Eduard Hammacher in Köln. Verloosung Samstag Abend $6^1/_2$ Uhr. Beginn Sonntag Morgen 9 Uhr. Spielweise Jeder mit Jedem, oder bei zu zahlreicher Betheiligung in Gängen oder Gruppen. Einsatz 5 Mark. Zwei Preise im Werthe von Minimal

Mark 400 und Mark 150

wobei es den Siegern freigestellt wird, sich statt derselben den Werth auszahlen zu lassen.

B. Westdeutsches Hauptturnier

unter Leitung der Herren Julius Asbeck jun. in Barmen und Emil Rosenthal in Frankfurt a. M. Nur für Schachfreunde Westdeutschlands. Verloosung Samstag Abend $6^1/_2$ Uhr. Beginn Sonntag Morgen 9 Uhr. Spielweise in Gängen oder Gruppen. Einsatz 3 Mark. Vier werthvolle Preise.

C. Erstes Nebenturnier

unter Leitung des Herrn H. Riefenstahl in Elberfeld. Beginn Sonntag Morgen 9 Uhr. 16—32 Theilnehmer. Spielweise in Gängen. Einsatz $1^1/_2$ Mark. Vier Preise, bestehend in werthvollen Schachwerken.

D. Zweites Nebenturnier

unter Leitung des Herrn Bürgermeister Stosberg aus Dorp. Beginn Sonntag Nachmittag 3 Uhr. — Die übrigen Bestimmungen wie im ersten Nebenturnier.

E. Tombola-Turnier

unter Leitung des Herrn F. W. Wiesen in Frankfurt a. M. Kein Einsatz. Anzahl der Theilnehmer unbeschränkt. In diesem Turnier melden sich zwei beliebige Gegner an, von denen derjenige an der Verloosung von schönen Werthpreisen Theil nimmt, welcher von 3 entschiedenen Partieen 2 gewinnt. Niemand darf sich mehr als einmal zu diesem Turniere melden.

F. Freie Turniere

sind vorbehalten.

Den Siegern in den Turnieren A B C D werden ausser den Preisen künstlerisch ausgeführte Ehrendiplome zugestellt.

II. Allgemeine Bestimmungen.

§ 1. Spielgesetze. Für sämmtliche Turniere sind die im v. Bilguer'schen Handbuche des Schachspiels enthaltenen Schachgesetze mit dem Zusatze maassgebend, dass nach dreimaliger Wiederholung derselben Züge resp. Reihenfolge von Zügen jede der Parteien das Recht hat, die Partie als unentschieden abzubrechen.

§ 2. Spielzeit. Jeder Theilnehmer an den Turnieren ist verpflichtet, bis zur Entscheidung täglich acht Stunden zum Spielen bereit zu sein oder mindestens zwei entschiedene Partieen zu spielen und zwar zu den im Programm festgesetzten Tageszeiten.

§ 3. Bedenkzeit. Jeder Spieler hat für 15 Züge je eine Stunde Bedenkzeit. Die in den ersten Stunden etwa ersparte Zeit wird für die späteren Züge gutgerechnet. Der seine Zeit überschreitende Spieler verliert dadurch die Partie. In den beiden Hauptturnieren geschieht die Controle mittelst Wecker- oder Sanduhren. Demjenigen Spieler, welcher eine halbe Stunde nach der zum Beginn festgesetzten Zeit nicht erschienen ist, wird von da ab die Partie als im Gange befindlich im Bezug auf seine Zeit angerechnet. Bei einer Verspätung von einer Stunde wird die Partie dem Säumigen event. beiden Spielern als verloren angerechnet.

§ 4. Aufzeichnung der Partieen. Die gespielten Partieen sind ausschliessliches Eigenthum des Bundes und müssen eine Stunde nach Beendigung derselben von dem Sieger dem Leiter des betreffenden Turniers eingereicht werden, widrigenfalls dieselben als nicht gespielt gelten. Bei Remis-Partieen hat der Anziehende die Verpflichtung der Notation; kommt er derselben nicht nach, so gilt die Partie für ihn als verloren.

§ 5. In streitigen Fällen, welche in den vorstehenden Paragraphen nicht vorgesehen sind, müssen die Leiter der betreffenden Turniere von der Sachlage unterrichtet werden. Das unterzeichnete Spielcomité entscheidet dieselben und haben die Parteien sich dessen Ausspruch unbedingt zu fügen.

Das Spiel-Comité.

Julius Asbeck jun., **Eduard Hammacher Herm. Riefenstahl, Emil Rosenthal**, Bürgermeister **Stosberg, Carl Wemmers, F. W. Wiesen.**

Vorläufiger
Statuten-Entwurf für den Westdeutschen Schachbund.

I. Zweck des Bundes.

Hebung des Schachspiels durch Veranstaltung von Congressen unter Berücksichtigung und Unterstützung des denselben Zweck verfolgenden Allgemeinen Deutschen Schachbundes.

II. Form des Bundes.

Die Leitung der Bundesangelegenheiten liegt einem Comité ob, welches auf jedem Congresse nebst einem Vorsitzenden von einer Generalversammlung neu gewählt wird und sofort nach Beendigung desselben in sein Amt eintritt. Dies Comité hat das Recht der Cooptation. Der Vorsitzende muss in der Stadt seinen Wohnsitz haben, wo der nächste Congress stattfinden soll. In dieses Comité, dessen Mitgliederzahl unbeschränkt, sind vorzugsweise die Präsidenten der Schachvereine, welche dem Bunde beigetreten sind, zu wählen und annähernd auf 20 Mitglieder ein Comité-Mitglied.

Der Vorsitzende, welcher mit der speciellen Ausführung und den Arrangements des Congresses betraut ist und selbstständig Local-Comités bilden kann, hat 6—8 Monate vor dem für denselben in Aussicht genommenen Zeitpunkt eine Comité-Sitzung in einem möglichst im Mittelpunkte des Bundes gelegenen Orte anzuberaumen.

Diese Comité-Sitzung beschliesst:

a. Wann der Congress stattfinden soll,

b. Welche Turniere ausgeschrieben werden sollen,

c. Welche Comité-Mitglieder das Spiel-Comité bilden.

Ausserdem wird über Anträge beschlossen, welche in dieser Sitzung gestellt werden, wenn dieselben dem Sinne der Statuten nicht widersprechen. Aenderungen an den Statuten selbst können nur auf der Generalversammlung während des Congresses beschlossen werden.

Wenn der Vorsitzende es für nöthig halten sollte, kann derselbe auch ausserdem Comité-Sitzungen ausschreiben, sowie durch briefliche Abstimmung Beschlüsse herbeiführen. Das vorbenannte Spiel-Comité stellt unter Zugrundelegung der Beschlüsse der Comité-Sitzung die Turnier-Ordnung und die Spielordnung für den Congress selbstständig fest und entscheidet bei streitigen Fällen, welche auf das Spiel-Reglement Bezug haben, endgültig durch Majoritätsbeschluss. Dies Spiel-Comité wird aus 5—7 Mitgliedern gebildet und ist der Vorsitzende des Comités stillschweigend Mitglied und Vorsitzender desselben. Sowohl in den Generalversammlungen, sowie in den Comité-Sitzungen werden die Beschlüsse durch Abstimmen der Anwesenden mit einfacher Majorität gefasst. Bei Stimmengleichheit entscheidet die Stimme des Vorsitzenden.

III. Geldbeiträge.

Die Schachvereine Westdeutschlands erwerben die Mitgliedschaft des Westdeutschen Schachbundes durch Zahlung eines Minimal-Beitrages von 50 Pf. pro Kopf, doch muss jedes Mitglied eines solchen Vereins für die Theilnahme am Congress ausserdem einen Minimal-Beitrag von 3 Mark zahlen. Die Mitgliedschaft und Theilnahme am Congress für einzelne Personen kann auch durch Zahlung eines Beitrags von 5 Mark erworben werden. Die Ausgabe von Tageskarten zu ermässigten Preisen bleibt vorbehalten. Sollten die Einnahmen die Ausgaben für einen Congress nicht decken, so treten der Schachverein resp. die Comité-Mitglieder des Congressortes für das Deficit ein. Ueberschüsse verbleiben der Kasse und sind an den neugewählten Vorsitzenden abzuliefern.

IV. Congresse.

In der Regel soll ein Congress mit wechselnden Orten in den Jahren abgehalten werden, in welchen kein Congress des Allgemeinen Deutschen Schachbundes stattfindet.

Verlauf des XII. Congresses.

Hauptsächlich wohl seiner mehr centralen Lage hatte das zwei Jahre vorher in Düsseldorf annectirte Mitglied des Westdeutschen Schachbundes, Frankfurt am Main, es zu danken, dass der Einladung des dasigen Local-Comités eine grössere Anzahl bekannter und unbekannter Schachfreunde Folge geleistet hatte, als sonst die Städte des Westdeutschen Verbandes in ihren Mauern zu begrüssen Gelegenheit hatten. Der für den Empfangsabend (den 27. Juli) ausdrücklich reservirte und mit dem in demselben Hause befindlichen Clublocale des Frankfurter Schachclubs vertauschte Speisesaal des Hôtels Henkel, Brönnerstrasse 8, vermochte die Menge der Gäste kaum zu fassen; Schachgenossen jeden Alters und Standes aus allen Gegenden Deutschlands hatten sich eingefunden, und waren mit liebenswürdigster Zuvorkommenheit von den „rheinischen" und „mainischen" Veranstaltern des Festes aufgenommen worden. Die Honneurs machten natürlich vor Allem die Frankfurter selbst, ihnen voran die beiden Präsidenten, die Herren Emil Rosenthal und Jean Günther; doch da fehlten auch nimmer die rastlos thätigen Schachfreunde Eduard Hammacher aus Köln, Julius Asbeck jun. aus Barmen, Dr. Saemann aus Wiesbaden u. s. w. Von Fremden und doch Wohlbekannten waren u. A. erschienen: Louis und Wilfried Paulsen aus Nassengrund, Adolf Schwarz aus Wien (Delegirter des Wiener Schachclubs), Adolf Stern aus Mannheim, stud. Metger aus Göttingen, stud. Alex. Fritz aus Darmstadt, C. Kockelkorn und C. Wemmers aus Köln, J. Minckwitz und H. Zwanzig aus Leipzig, David Schwarzschild aus Paris (Ehrenmitglied des Frankfurter Schachclubs); endlich, last not least, unser Schachveteran Anderssen, welcher, vom Pariser internationalen Schachcongresse, diesmal leider ohne die gegewohnten glänzenden Erfolge, heimkehrend, rechtzeitig angelangt war, um seiner unermüdlichen Kampfbegierde nunmehr von Neuem gegen seine deutschen Freunde freien Lauf lassen zu können. Da waren ferner erschienen: Fritz Döpper und Osthoff aus Barmen, Fehr, C. Freystedt, Niemeyer aus Braunschweig, Vossen aus Aachen, Assessor Dr. Göhle aus Harburg (früher in Berlin), Rechtsanwalt Moeger aus Dortmund, Schottländer aus Breslau, Staatsrath von Moller aus Wiesbaden, (welcher schon an dem von Minckwitz veranstalteten Wiesbadener Congress 1871 rühmlichen Antheil genommen), C. Hoeing aus Düsseldorf, Bürgermeister Stosberg aus Dorp bei Solingen, Kist, Schultz und Mertens aus Köln, Hertz und Fickeisen aus Crefeld, Schachfreunde aus Hannover, Hanau, Würzburg, Wiesbaden, Mannheim, Siegen, Hagen, Heilbronn, Bruchsal, Fulda, Mülheim a. R., Mainz, ein Herr Gibson aus Edinburgh u. s. w. Am zweiten Congresstage erschien ferner, leider nur auf kurze Zeit, Herr Dr. Max Lange aus Leipzig, welcher überdies die Güte hatte, dem Comité eine Anzahl werthvoller Werke aus dem Spamer'schen Verlag zur Verfügung zu stellen, wodurch dasselbe in den Stand gesetzt wurde, die ohnehin schon bedeutende Menge der Turnierpreise noch zu vermehren.

Das grösste Contingent von Schachfreunden stellte natürlich Frankfurt selbst, vor Allem die Mitglieder des Frankfurter Clubs. Wir erwähnen ausser den bereits genannten, die Herren Dr. Wilh. Jordan, Leo Geiger, F. W. Wiesen, Friedleben, Friedberg, Ludwig Mayer, Mandl, M. Schwarzschild (der öftere Gegner von Kolisch), Zunz, Adler, Alfred Rosenthal jun., Gottl. Schnapper, Drucker u. s. w. Leider war der Ehrenpräsident des Frankfurter Clubs, der seit Jahrzehnten rühmlichst bekannte tüchtige Spieler, Herr Meusch, von schwerer Krankheit befallen, verhindert, an den Festlichkeiten theilzunehmen. Von auswärtigen Kämpen vermisste man übrigens auch zwei Namen, welche sonst regelmässig in den Turnierlisten des Westdeutschen Bundes zu finden gewesen sind, nämlich Professor Dr. Göring in Leipzig, dessen Ferien erst 8—10 Tage später begannen, und Emil Schallopp in Berlin, der durch Familienangelegenheiten verhindert war.

Herr Emil Rosenthal eröffnete die Feier kurz nach 7 Uhr Abends mit einer kurzen bewillkommnenden Ansprache an die Erschienenen und forderte hierauf diejenigen Kämpen, welche sich zum

Meisterturnier

gemeldet hatten, auf, behufs einer Vorbesprechung insgesammt an einer Tafel Platz zu nehmen. Es hatten sich nämlich nicht weniger denn zehn Spieler hierzu eingeschrieben: Anderssen, Fritz, Hammacher, Metger, Minckwitz, beide Paulsen, Schwarz, Stern und Wemmers, und es entstand die Frage, ob das Turnier in Folge so zahlreicher Betheiligung (bei einer Stunde Bedenkzeit für 15 Züge) bei der gewöhnlichen Spielweise Jeder mit Jedem sich nicht zu sehr in die Länge ziehen würde, und ob es daher nicht vorzuziehen sei, in Gruppen zu spielen. Die Spielweise in Gruppen (von Herrn Zwanzig in Leipzig ausgedacht und an Stelle derjenigen in Gängen befürwortet) unterscheidet sich von der gewöhnlichen dadurch, dass aus den Turniertheilnehmern durch das Loos mehrere Gruppen gebildet werden, deren jede unter sich in der bisherigen Weise, Jeder mit Jedem kämpft, während die aus den einzelnen Gruppen hervorgehenden Sieger dann wieder miteinander um die Preise zu stechen haben. Gewiss ein praktisches und namentlich statt der Gänge empfehlenswerthes Verfahren! Die Spielweise in Gruppen fand jedoch bei den Betheiligten nur sehr wenig Anklang, dagegen hatten Anderssen, Schwarz, Minckwitz u. A. wiederholt gegen die 15 Züge protestirt und 20 Züge per Stunde empfohlen, die sich bei den Turnieren in Baden-Baden, Leipzig und Wien als genügend bewährt hatten. Es kam zu einem sehr lebhaften Discours, da namentlich Wemmers, dem sich Wilfried Paulsen anschloss, sich auf das Programm steifte und auf 15 Züge bestand. Hammacher, dem selbst nach seiner Erfahrung 20 Züge zuviel erschienen, der auch (durch Beschluss der vorjährigen Generalversammlung, wonach, um Meister heranzuziehen, der erste Sieger im rheinischen Hauptturnier fernerhin nur noch im Meisterturnier mitspielen darf, zum Meister gestempelt) nicht mit Unrecht hervorhob, dass das Notiren der Züge, Aufstellen der Uhren etc. ihm und den Spielern am Rhein ungewohnt sei und Störung verursache, der sich jedoch, namentlich als Leiter des Meisterturniers, bereitwillig den Wünschen der Uebrigen gefügt hatte, forderte die beiden sich Sträubenden vergeblich auf, doch im Interesse der Sache sich der Allgemeinheit anzuschliessen. Da erhob sich Louis Paulsen, und schlug den übrigen Betheiligten vor, Herrn Wemmers und seinem Bruder Wilfried eine Vorgabe von 5 Zügen pro Stunde zu gewähren: er und die Anderen sollten mit 20, Wemmers und W. P. mit 15 Zügen spielen. Dieser Vorschlag wurde mit allseitigem Beifall aufgenommen, und nur Wemmers wollte sich auch jetzt noch nicht fügen, — er bestand auf seinem Schein! Nach noch längerer heisser Debatte gelang es jedoch den Bemühungen der beiden Präsidenten und Hammachers endlich, die Herren alle unter einen Hut zu bringen, indem der ausgleichende Vorschlag Louis Paulsens schliesslich allseitig angenommen wurde. Man schritt hierauf zur Verloosung, welche die folgende Spielordnung ergab:

Erste Runde, am 28. Juli Vormittags: 1. Louis Paulsen — Stern;

2. Wilfried Paulsen — Anderssen; 3. Hammacher — Metger; 4. Schwarz — Fritz; 5. Wemmers — Minckwitz.

Zweite Runde, am 28. Juli Nachmittags: 1. Louis Paulsen — Wilfried Paulsen; 2. Stern — Hammacher; 3. Anderssen — Metger; 4. Schwarz — Wemmers; 5. Fritz — Minckwitz.

Dritte Runde, am 29. Juli Vormittags: 1. Louis Paulsen — Anderssen; 2. Stern — Metger; 3. Wilfried Paulsen — Fritz; 4. Hammacher — Wemmers; 5. Schwarz — Minckwitz.

Vierte Runde, am 29. Juli Nachmittags: Louis Paulsen — Hammacher; 2. Stern — Schwarz; 3. Wemmers — Wilfried Paulsen; 4. Anderssen — Fritz; 5. Metger — Minckwitz.

Fünfte Runde, am 30. Juli Vormittags: 1. Louis Paulsen — Metger; 2. Fritz — Stern; 3. Wilfried Paulsen — Schwarz; 4. Anderssen — Wemmers; 5. Hammacher — Minckwitz.

Sechste Runde, am 31. Juli Vormittags: 1. Schwarz — Louis Paulsen; 2. Wemmers — Stern; 3. Wilfried Paulsen, Hammacher; 4. Metger — Fritz; 5. Minckwitz — Anderssen.

Siebente Runde, am 31. Juli Nachmittags: 1. Fritz — Louis Paulsen; 2. Stern — Anderssen; 3. Hammacher — Schwarz; 4. Metger — Wemmers, 5. Minckwitz — Wilfried Paulsen.

Achte Runde, am 1. August Vormittags: 1. Wemmers — Louis Paulsen; 2. Anderssen — Schwarz; 3. Wilfried Paulsen — Metger; Hammacher — Fritz; 5. Minckwitz — Stern.

Neunte Runde am 2. August Vormittags: 1. Minckwitz — Louis Paulsen; 2. Stern — Wilfried Paulsen; 3. Anderssen — Hammacher; 4. Metger — Schwarz: 5. Fritz — Wemmers.

Ueber den Verlauf des Meisterturniers, welcher ohne die geringste Störung in glattester Weise vor sich ging, und die übrigen Turniere wollen wir gleich hier berichten:

I. Preis. Eine Garnitur von drei silbernen Tafelaufsätzen im Renaissancestyl, oder auf Wunsch M. 400. —. in Baar: Louis Paulsen aus Blomberg (8 Gewinnpartieen).

II. Preis. Ein grosser silberner Pokal, oder auf Wunsch M. 150. —. in Baar: Adolf Schwarz aus Wien ($7^1/_2$ Gewinnpartieen).

III. Preis. (Das Präsidium hatte in Folge der unerwartet grossen Anzahl von Spielern sich bewogen gefühlt, noch drei weitere Preise zu creïren, sodass, wie in Paris, gerade die Hälfte der Turniertheilnehmer gekrönt werden konnte.)

Ein sehr schönes silbernes Rauchservice, oder auf Wunsch M. 80. —. in Baar: Professor Adolf Anderssen aus Breslau (6 Gewinnpartieen).

IV. Preis. Die Prachtausgabe Kaiser Wilhelm und seine Zeit (Verlag von Otto Spamer): J. Minckwitz aus Leipzig (5 Gewinnpartieen).

V. Preis. Ehren-Diplome: Wilfried Paulsen aus Nassengrund und stud. Alex. Fritz aus Darmstadt (je $4^1/_2$ Gewinnpartieen).

Ausserdem wurden die vier ersten Preisträger mit der Ehrenmitgliedschaft des Frankfurter Schachclubs ausgezeichnet.

Das Resultat der einzelnen Kämpfe zeigt die folgende Tabelle, welche in geschmackvoll ausgestatteter Weise gedruckt zur Vertheilung kam:

Tabelle des Frankfurter Meisterturniers

vom 28. Juli bis 3. August 1878.

	Anderssen	Fritz	Hammacher	Metger	Minckwitz	Louis Paulsen	Wilfried Paulsen	Schwarz	Stern	Wemmers	Total
Anderssen	0	$^1/_2$	$^1/_2$	+	+	—	—	+	+	+	6
Fritz	$^1/_2$	0	+	—	—	—	+	—	+	+	$4^1/_2$
Hammacher	$^1/_2$	—	0	—	—	—	—	—	—	—	$^1/_2$
Metger	—	+	+	0	$^1/_2$	—	—	—	$^1/_2$	+	4
Minckwitz	—	+	+	$^1/_2$	0	—	—	$^1/_2$	+	+	5
Louis Paulsen . . .	+	+	+	+	+	0	+	—	+	+	8
Wilfried Paulsen . .	+	—	+	+	+	—	0	—	$^1/_2$	—	$4^1/_2$
Schwarz	—	+	+	+	$^1/_2$	+	+	0	+	+	$7^1/_2$
Stern	—	—	+	$^1/_2$	—	—	$^1/_2$	—	0	—	2
Wemmers	—	—	+	—	—	—	+	—	+	0	3

Louis Paulsen hat alle seine Gegner, nur Schwarz ausgenommen, besiegt und zählt keine einzige Remise; Schwarz hingegen hat nur gegen Anderssen verloren und mit Minckwitz remis gemacht, sonst ebenfalls Alles geschlagen. Anderssen hat verloren gegen beide Paulsen und remis erzielt gegen Hammacher und Fritz. Minckwitz ebenfalls verloren gegen beide Paulsen, sowie gegen Anderssen und remis gemacht gegen Schwarz und Metger. Anderssens Spielweise in diesem Turnier machte auf uns einen „übermüdeten" Eindruck; nie zuvor haben wir an Anderssen zu beobachten Gelegenheit gehabt, dass er in legerer und apathischer Weise nahezu gleichgültig über den Verlauf und Ausfall einer Partie erschienen wäre. Der Aufenthalt in Paris hatte den hochverehrten Veteranen sichtlich erschöpft. Die Metropole Frankreichs ist für Anderssen keine gesunde Atmosphäre; nach Paris hätte er schon das erste Mal nicht gehen sollen! Es steht übrigens zu vermuthen, dass Anderssen's Gesundheit schon in Paris nicht die beste war; in Frankfurt war er entschieden abgespannt und nach seiner Rückkehr nach Breslau befiel den Meister ernstliches Unwohlsein, an dem er noch jetzt, wo wir dieses niederschreiben, laborirt.

Wir kommen nun zum

Westdeutschen Hauptturnier.

Das Comité hatte zunächst die seither streng innegehaltene Beschränkung „nur für Schachfreunde Westdeutschlands" bedingungsweise fallen gelassen. In Folge dieser „nationalliberalen" Gesinnung, welcher wir, freilich ohne auf das im Reiche Caïssa's verpönte Gebiet der Politik hinüberspielen zu wollen, unsern vollen Beifall spenden, war es denn auch Schachgenossen aus anderen Gegenden des deutschen Vaterlandes, welche indessen vorher die Mitgliedschaft eines zum Westdeutschen Bunde gehörigen Schachvereines erworben haben mussten, verstattet worden, an diesem Turniere theilzunehmen. Es hatten sich für dasselbe gemeldet die Herren: Dr. Wilh. Jordan, Wilh. Friedberg, Jean Günther, Emil Rosenthal, F. W. Wiesen, S. Z. Zunz, Gottl. Schnapper, H. Adler, J. Adler, David Schwarzschild, Salomon Beer, Herm. Mandl, Leo Geiger, F. Haeseler, Siegm. Drucker, sämmtlich aus Frankfurt selbst; G. Kist aus Köln. F. K. Esling aus Hannover, Rechtsanwalt Moeger aus Dortmund, Albert Vossen aus Aachen, C. Hoeing aus Düsseldorf, Dr. Richter aus Siegen, Fr. Niemeyer aus Braunschweig, Staatsrath v. Moller aus Wiesbaden, A. Schottländer aus Breslau, Herm. Zwanzig aus Leipzig (letztere

Beiden als Mitglieder des Barmer Schachclubs), im Ganzen fünfundzwanzig recht tüchtige Kämpen. Die am 27. Juli Abends ebenfalls noch vorgenommene Verloosung ergab folgende Paarung für den

I. Gang.

(Richter) — Niemeyer.
(Esling) — Vossen.
Haeseler — (v. Moller).
Schottländer — (Mandl).
(Wiesen) — Hoeing.
(Drucker) — Jordan.
Kist — (J. Adler).
(Schnapper) — Rosenthal.
Zunz — (Zwanzig).
Günther — (Blinder).
H. Adler — dito.
Moeger — dito.
Schwarzschild — dito.
Friedberg — dito.
Beer — dito.
Geiger — dito.

(Die in Parenthese Befindlichen waren die Unterlegenen).

II. Gang.

(Haeseler) — Geiger.
Schottländer — (Jordan).
(Kist) — Adler.
Friedberg — (Beer).
(Niemeyer) — Rosenthal.
(Schwarzschild) — Zunz.
Hoeing — (Moeger).
Günther — (Vossen).

III. Gang.

Rosenthal — (Günther).
(Zunz) — Adler.
(Hoeing) — Schottländer.
Friedberg — (Geiger).

Zu bemerken ist, dass Herr Zunz, einer der besseren Frankfurter

Spieler, gegen Herrn H. Adler durch nicht rechtzeitiges Erscheinen (er war geschäftlich verhindert gewesen) verloren hat und in Folge dessen höchst wahrscheinlich um einen der Preise gekommen ist.

IV. Gang.

(Rosenthal) — Schottländer.

(Friedberg) — Adler.

V. Gang.

Schottländer — (Adler).

Friedberg — (Rosenthal).

Das Schlussergebniss des Turniers war demnach wie folgt:

I. Preis. Ein grosser silberner Pocal im Renaissancestyl: Arnold Schottländer aus Breslau.

II. Preis. Zwei silberne Confectkörbe: H. Adler aus Frankfurt a. M.

III. Preis. Eine Pendule in Bronce mit Pferdegruppe: Wilh. Friedberg aus Frankfurt a. M.

IV. Preis. van der Linde's „Geschichte des Schachspiels", 2 Prachtbände und Oesterreichische Schachzeitung von 1873—1875, 4 Prachtbände: Emil Rosenthal aus Frankfurt a. M.

Erstes Nebenturnier.

Theilnehmer: Carl Lauer aus Schweinfurt, C. W. Fischer aus Hagen, Mathias Hertz aus Crefeld, G. Mertens und Carl Schultz aus Köln, M. Fleinert aus Heilbronn, J. Reiter aus Mühlheim a. Rh., Oppenheim aus Mannheim, O. Kreiff aus Hanau, R. Stern aus Fulda, J. Kölsch, Lazar Friedman, Gustav Mayer, Carl Kaufmann, Moritz Löwenstein und Leop. Rosenau aus Frankfurt.

Im ersten Gange siegten: Löwenstein, Kreiff, Schultz, Oppenheim, Rosenau, Kaufmann, Stern und Mayer.

Im zweiten Gange siegten: Schultz, Kaufmann, Oppenheim und Stern.

Das Endergebniss des Turniers war:

I. Preis. Van der Linde „Geschichte des Schachspiels", Prachtband: Oppenheim aus Mannheim.

II. Preis. v. der Lasa „Leitfaden für Schachspieler", Dr. M. Lange „Paul Morphy, Skizze aus der Schachwelt", E. Schallopp „Anderssen-Congress": R. Stern aus Fulda.

III. Preis. Dr. M. Lange's „Sonntagsblätter für Schachfreunde",

Lichtenstein „der Schachkünstler“, v. d. Lasa „Schacherinnerungen“: Carl Schulz aus Köln.

IV. Preis. Oesterreichische Schachzeitung complet: Carl Kaufmann aus Frankfurt a. M.

Zweites Nebenturnier.

Theilnehmer: P. Haag aus Heilbronn, Staatsrath v. Moller aus Wiesbaden, Carl Dauthendey aus Würzburg, George Gibson aus Edinburgh, J. L. Asch aus Crefeld, G. Mertens aus Köln, F. K. Esling aus Hannover, Geissel aus Hanau, Herm. Sachs, Rud. Meusch, Albert Stiebel, Carl Friedleben, M. Mock, Jäger, Kölsch und Schürmann aus Frankfurt.

Im ersten Gange siegten: Meusch, Haag, Gibson, v. Moller, Esling, Friedleben, Dauthendey, Asch.

Im zweiten Gange siegten: Friedleben, Dauthendey, v. Moller, Esling.

Das Endergebniss des Turniers war:

I. Preis. v. Bilguer „Handbuch des Schachspiels“, Dr. M. Lange „Paul Morphy, Skizze etc.“, Derselbe „Schachaufgaben“: Staatsrath von Moller aus Wiesbaden.

II. Preis. v. der Lasa „Leitfaden für Schachspieler“, Dr. M. Lange „Sonntagsblätter“: Carl Dauthendey aus Würzburg.

III. Preis. Oesterreichische Schachzeitung complet, E. Schallopp „Anderssen- Congress“: F. K. Esling aus Hannover.

IV. Preis. Jahrbücher des Westdeutschen Schachbundes 1862, 1863 u. 1871: Carl Friedleben aus Frankfurt a. M.

Freie Turniere.

Ausser den programmgemässen beiden Nebenturnieren fanden sich noch Theilnehmer für zwei weitere Turniere in Gängen, deren Leitung Herr Schwarzschild aus Paris übernahm. Einsatz M. 3. —. In dem ersten spielten die Herren: Dr. Richter aus Siegen, Vossen aus Aachen, Bode aus Frankfurt, G. Mertens aus Köln, Dr. Säemann aus Wiesbaden, Moritz Fickeisen aus Crefeld, Major v. Bernhold aus Germersheim, Schwarzschild aus Paris. Der Erfolg war:

I. Preis. Major v. Bernhold aus Germersheim;
II. Preis. Dr. Richter aus Siegen;
III. Preis. Alb. Vossen aus Aachen;
IV. Preis. Bode aus Frankfurt.

Am zweiten betheiligten sich die Herren: C. Hoeing aus Düsseldorf, C. W. Fischer aus Hagen, F. Niemeyer aus Braunschweig, F. K. Esling aus Hannover, Rechtsanwalt Moeger aus Dortmund, Fickeisen aus Crefeld, Haeseler und Schnapper aus Frankfurt. Die Preise errangen:

I. Preis. F. Haeseler aus Frankfurt a. M;
II. Preis. Fritz Niemeyer aus Braunschweig;
III. Preis. Moritz Fickeisen aus Crefeld;
IV. Preis. C. Hoeing aus Düsseldorf.

Die Preise bestanden aus mehr oder minder werthvollen Gegenständen, als: Jordan's Nibelungen, Biergläser, Tischglocken etc.

Tombola-Turnier.

Eine überaus grosse Anzahl recht geschmackvoller kleinerer Prämien. z. B. Cigarrenständer, Aschenbecher, Tabakspfeifen, Federkästchen, Notizbücher, Bilder vom Leipziger Anderssen-Congress, Schachbücher u. s. w. waren in üblicher Weise von dem Comité dazu bestimmt worden, auch Spielern schwächsten Grades Gelegenheit zu bieten, sich ein kleines Andenken an den Congress zu sichern. War daher ein Schachfreund in den übrigen Turnieren nicht erfolgreich gewesen, oder hatte er an denselben nicht theilnehmen können, so hatte er nur nöthig, sich einen beliebigen Gegner zu suchen, dem Turnierleiter Meldung zu machen und einige Partieen zu wechseln. Derjenige, welcher aus drei Partieen als Sieger hervorging, hatte dann Anwartschaft auf einen der niedlichen Preise, die nach Beendigung des Turniers zur Verloosung kamen. Eine Unzahl von Partieen kam auf diese Weise zu Stande, die freilich für die Schachwelt kein Interesse bieten und auch selten notirt wurden.

Nun wir über die stattgefundenen Kämpfe in genügend ausführlicher Weise berichtet haben, gelangen wir zu dem anderen Theil unserer Aufgabe, zu den, wenn wir uns so ausdrücken dürfen, externen Angelegenheiten.

Am Sonntag, den 28. Juli, herrschte von früh 9 Uhr an in den oberen Räumen des prachtvollen Gesellschafts-Palastes im zoologischen Garten ein höchst eigenthümliches Leben, wie es in denselben noch nie war gesehen worden. Vier bis fünf aneinandergrenzende grosse freundliche Zimmer des zweiten Stockes und eine offene Säulenhalle mit herrlicher Aussicht auf den zoologischen Garten selbst waren zur Verfügung der schwarzweissen Internationale gestellt, welche daselbst ihre unblutigen, aber mitunter recht hartnäckigen Kämpfe ausfechten sollte. Gleich am Eingang in dem ersten Zimmer waren auf langer weissgedeckter Tafel die Preise ausgestellt, und mancher tüchtige Schachspieler warf im Vorübergehen wohl einen lüsternen Blick auf die prachtvollen Kunstgegenstände. Dieses Zimmer war speciell dem Empfang, der Conversation und den Bureauarbeiten des Comité's gewidmet; in den übrigen Localitäten aber standen wohl an hundert Tische und Tafeln mit schönen Schachspielen, Sand- und Weckeruhren bedeckt. Auch die Säulenhalle war zum Spielsaal eingerichtet und gewährte in mehrfacher Hinsicht einen äusserst angenehmen Aufenthalt: so war, ein Hauptanlass zum Wohlbefinden beim ernsten Spiel, Luft und Licht daselbst im reichlichsten Maasse vorhanden; so bot sich dem Auge die Aussicht, dem Ohr, abgesehen von dem entzückenden Gesang der Schwäne und anderer Schwimmhäuter, oder dem melodischen Brüllen des Wüstenkönigs, die vortreffliche Nachmittagsmusik. Wenn man ernsthaft und lange über einen schwierigen Zug nachgedacht hatte und dann, Erholung suchend, das Auge hinausschweifen liess auf die reizenden Anlagen, da geschah es auch wohl, dass man unten im Garten den Riesenelephanten, gravitätischen Schrittes marschirend, erblickte, oder drüben auf dem entfernten Thurm einen Schachgenossen, mit weissem Tuche wehend, entdeckte. Stören lassen durfte man sich durch dergleichen amüsante Intermezzos natürlich nicht; ein echter Schachspieler lässt sich auch so leicht nicht stören und wenn, nun, man konnte ja hineingehen!

Der Kampf begann also frühmorgens und währte an diesem Tage mit nur kurzer Unterbrechung bis gegen 7 Uhr Abends. Hierauf fand die programmgemässe General-Versammlung unter Vorsitz des Herrn Rosenthal statt, in welcher beschlossen wurde, den nächsten Congress im Jahre 1880 in Braunschweig abzuhalten. Herr C. Freystedt aus Braunschweig, als Präsident des dasigen Schachclubs, dankte in liebenswürdigster Weise für die seiner Heimathsstadt zuertheilte Ehre und übernahm für die nächsten beiden Jahre den Vorsitz im Comité. Weiterer Hauptgegenstand der Berathung waren die von Eduard Hammacher in Köln ausgearbeiteten, namentlich den Anschluss an den Allgemeinen deutschen Schachbund bezweckenden neuen Bundesstatuten. Dieselben wurden nach längerer Debatte, an welcher sich u. A. die Herren Hammacher, Rosenthal, Dr. Max Lange, Zwanzig, Freystedt u. s. w. betheiligten, unverändert angenommen.

Kurz nach 8 Uhr vereinigten sich die Schachfreunde in dem prachtvollen grossen Saale des Palastes zum gemeinschaftlichen Festessen. Dieses solenne Souper bildete wohl in jeder Hinsicht den Glanzpunkt des „famosen“ Congresses.

Abgesehen von den feinsten culinarischen Genüssen, den edelsten und feuerigsten Weinen, die dem Gaumen behagten, das Gemüth erfreuten und das Herz stärkten, diente eine allgemeine, wirklich freudigste Feststimmung dazu, Alles aus dem Innern der Beiwohnenden hervorzulocken, was Witz und Laune, Begeisterung und Frohsinn darbieten konnte. Hierzu kamen die Klänge einer trefflichen Tafelmusik (Kneiper'sche Kapelle), unter deren Begleitung die verschiedenen recht gelungenen Festlieder abgesungen wurden. Von den sehr zahlreichen Toasten geben wir einige der hauptsächlichsten wieder. Zuerst erhob sich der Präsident, Herr Emil Rosenthal, und hielt die folgende wohlgesetzte, schwungreiche und humorvolle Ansprache:

„Meine Herren,

meine verehrten Schach- Fest- und Tischgenossen!"

Nachdem es mir vor kaum zwei Stunden vergönnt war, Sie bei Eröffnung der Generalversammlung gewissermassen förmlich und officiell zu begrüssen, gestatten Sie mir wohl hier an der gedeckten Tafel, beim perlenden Weine diese Begrüssung zu wiederholen in herzlicher und gemüthlicher Weise. — Gestatten Sie mir, dass ich meiner Freude Ausdruck gebe, meiner lebhaften und wahrhaften Freude, so viele wackere Männer aus allen Gauen Deutschlands, so viele Verehrer, Freunde und Ritter des königlichen Spieles hier vereinigt zu sehen und darunter ein stattliches Fähnlein Meister ersten Ranges, die theilweise nach beendigtem Riesenkampfe an der Seine es nicht verschmähten, auch an unserer kleinen Plänkelei sich zu betheiligen, theilweise aber auch sogar von vornherein unserm schlichten Frankfurt den Vorzug gegeben haben vor der verführerischen Lutetia.

Und wahrlich, meine Herren, wenn wir eine Parallele ziehen zwischen den anspruchslosen und gemüthlichen, wenn auch gewöhnlich kurzlebigen Congressen, welche von dem Westdeutschen Schachbund in regelmässigen Zwischenräumen abgehalten werden, und den in grossem, seriösen Style angelegten Turnieren, wie sie in den Weltstädten London, Wien, Paris bei besonderen Gelegenheiten, und namentlich als Ornamente, als Appendix der Weltausstellungen veranstaltet, zuweilen am Schachhorizonte aufzutauchen pflegen, — wenn wir diese Congresse zusammen vergleichen, so glaube ich nicht, mich einer Ueberhebung schuldig zu machen, wenn ich voraussetze, dass dieser Vergleich nicht zu Ungunsten unserer Congresse ausfallen dürfte. — Denken Sie, meine Herren, in Paris tagten und sassen die Meister vom 15. Juni bis 25. Juli — vierzig Tage, gerade so lange, als unser lieber Herrgott seiner Zeit zum Arrangement der Sündfluth brauchte, da sassen sie und kämpften im Schweisse ihres Angesichts in heissem Ringen um die Palme. — Die armen Meister! vierzig Tage, das ist denn doch des Guten ein Bischen zu viel.

Abgesehen aber auch hiervon, proklamire ich als Hauptvorzug unserer Congresse noch den Umstand, dass nicht nur die gewaltigen Giganten, die unsterblichen Heroen des Schacholymps sich daran betheiligen können, sondern auch wir, wir Dii minorum gentium, wir Pygmäen oder — um mich eines beliebten süddeutschen Ausdrucks zu bedienen — wir Massetonier, die wir doch auch unsere Existenzberechtigung haben, die wir doch auch unser schwaches Licht zuweilen leuchten lassen wollen. —

Und noch ein Vorzug, meine Herren, nicht zu übersehen! das sind die mit den Westdeutschen Congressen verknüpften Zerstreuungen und Erholungen nach des Tages Last und Mühen, das sind die obligaten Ausflüge und Bankete wie z. B. unser Heutiges; hier bei dieser Spielweise in Gängen machen auch wir kleinen Leute in der Regel die besten und stärksten Züge, hier fürchten wir uns nicht einmal vor der Gabel, hier wissen auch wir zu opfern, wenn auch nur dem Bacchus, mit einem Worte, hier gehen wir keinem Meister aus dem Wege. —

Ich hoffe daher, keinen Widerspruch von Ihnen zu erfahren, wenn ich kühn und unumwunden es ausspreche: Mir ist unser Congress lieber, als der Pariser. Und dies um so mehr, als auch wir mit Stolz heute eine beträchtliche Anzahl Meister ersten Ranges die unsrigen nennen können, Meister, hochberühmt nicht nur in Deutschland, in Europa, sondern auf der ganzen civilisirten Erde, Meister, die gekommen sind, unser Fest zu verschönern und zu verherrlichen, ihm erst den Stempel des ächten Turnieres aufzudrücken, ihm die wahre Weihe und Würde zu geben, die gekommen sind, uns zur Bewunderung ihres herrlichen Spieles, ihrer phänomenalen Berechnungen und Combinationen hinzureissen, und, meine werthen Tischgenossen, ich glaube Ihnen allen aus der Seele zu sprechen, wenn ich Ihnen einen Trinkspruch vorschlage auf diese, unsere Meister. — Um der Bescheidenheit keines unsrer Gefeierten zu nahe zu treten und einem gegebenen Worte*) nicht untreu zu werden, nenne ich keine Namen, ich beantrage einen Collectivtoast auf unsere sämmtlichen Meister — oder um mich prä-

*) Meister Louis Paulsen hatte in seiner gewohnten Bescheidenheit nur unter der Bedingung an der Festtafel theilgenommen, dass sein Name in keinem Toast erwähnt werde.

ciser auszudrücken — auf sämmtliche Herren, die sich beim Meisterturnier betheiligen. Meine Herren, ich bitte Sie, Ihre Gläser zu füllen bis an den Rand, und mit mir zu leeren bis auf den Grund, mit einem donnernden Hoch auf unsere Meister!“

Nach dieser mit donnerndem Applaus aufgenommenen Rede stand Altmeister Anderssen auf, sprach dem Comité seinen und der übrigen Meister Dank aus und liess dasselbe hochleben. Herr Leo Geiger, bekannter Schachfreund in Frankfurt, brachte ein Hoch auf den Westdeutschen Bund, Dr. Max Lange aus Leipzig auf Se. Majestät, den Kaiser, Herr M. Hertz aus Crefeld auf das Festcomité aus. Herr F. W. Wiesen gedachte der Abwesenden, besonders des leider schwer erkrankten Ehrenpräsidenten des Frankfurter Clubs, Herrn Meusch.*)

Herr Eduard Hammacher ergriff nun das Wort und fuhr, nachdem er auf die Reden der Herren Professor Anderssen und Hertz, die ihm hinsichtlich der überaus liebenswürdigen Aufnahme von Seiten der Frankfurter Comité-Mitglieder, namentlich seitens des Präsidenten, aus dem Herzen gesprochen, Bezug genommen, folgendermassen fort: „Aber auf Eines möchte ich noch hinweisen, dies ist das überaus grossartige und schöne Arrangement, welches uns auf dem hiesigen Congresse entgegentritt, wobei sich Jeder die Frage stellen muss, wieviel Aufwand an Zeit und Geld ist erforderlich gewesen, um Solches zu schaffen! Diese Frage aber ist jedenfalls zuerst an unser jüngstes Mitglied Braunschweig herangetreten, welches in der letzten Comité-Sitzung in Köln den Wunsch geäussert hatte, den nächsten Congress bei sich zu sehen und diesen Wunsch in der vorhin stattgehabten General-Versammlung wiederholt hat, worauf der Beschluss gefasst wurde, den nächsten Congress im Jahre 1880 in Braunschweig abzuhalten. Der Zweck meiner Rede ist desshalb der, den Braunschweiger Herren hierdurch meinen Dank dahin abzustatten, dass sie, welche zum ersten Male einem Congresse unseres Bundes beiwohnen, trotz der grossen Schwierigkeiten, welche zu bewältigen sind, um einen Schachcongress in Scene zu setzen, und welche hier die liebenswürdigen Frankfurter Herren selbst noch bedeutend vergrössert haben, trotzdem ihrem Vorsatze treu geblieben sind, den Congress zu übernehmen. Ich erfahre soeben dass unser Freund Fehr aus Braun-

*) Herr Reinhard Wilhelm Meusch ist am 28. September seinen Leiden erlegen.

schweig leider durch Unwohlsein genöthigt ist, diesen Abend in seinem Hôtel, anstatt unter uns zuzubringen, und wünsche demselben eine recht baldige Genesung. Sodann fordere ich Sie auf, Ihre Gläser zu füllen und ein dreifaches donnerndes Hoch auszubringen auf den Braunschweiger Schachclub und seinen Präsidenten, unserem neugewählten Vorsitzenden, Herrn C. Freystedt.

Von den weiteren Toasten erwähnen wir denjenigen des Herrn Mandl in ungezwungenen Versen auf die, übrigens nicht anwesenden Damen, des Herrn Julius Asbeck jr., ebenfalls auf die Damen, des Herrn Friedberg auf Herrn Emil Rosenthal, des Letztern auf Herrn Hammacher. Herr Hammacher ergriff hierauf zum zweiten Male das Wort:

„Indem ich meinem Vorredner, unserm liebenswürdigen Vorsitzenden, Herrn Rosenthal, meinen Dank ausspreche für die Anerkennung, welche er meinen Bemühungen um die Sache des Westdeutschen Schachbundes gezollt hat, bemerke ich, dass ich mich denselben stets mit Liebe unterzogen habe, und es mir Freude macht, mit dazu beigetragen zu haben, nach kleinen Anfängen Grosses zu schaffen. Vorhin erwähnte Jemand, es seien drei Herren unter uns, welche es ganz besonders gut verständen, einen Schachcongress in Scene zu setzen, dies sei Herr Rosenthal, Herr Zwanzig aus Leipzig und meine Wenigkeit. Davon ist des Einen, der ebenfalls unter uns weilt, noch nicht gedacht, und möchte ich zunächst Ihre Aufmerksamkeit darauf lenken, was bei Gründung des Westdeutschen Schachbundes im Jahre 1861 bezweckt werden sollte. Man that das, was man ausführen konnte: man bildete einen Westdeutschen Schachbund, um damit einen Allgemeinen Deutschen Schachbund, welcher im Stande sei, auch internationale Congresse auszuschreiben, anzubahnen. Die Folge davon war, dass sich inzwischen ein mitteldeutscher, ein norddeutscher und dies Jahr ein ostdeutscher*) Schachbund gebildet haben. Herr Zwanzig aber ist es gewesen, welcher zuerst die entscheidende Initiative ergriffen hat, um uns alle unter einen Hut zu bringen. Er hat bei Gelegenheit der vorjährigen Leipziger Jubelfeier unseres Altmeisters Professor Anderssen den Allgemeinen Deutschen Schachbund fertig gemacht, und wird dessen erster Congress im nächsten Jahre in Leipzig stattfinden.

Unsere Pflicht aber ist es, des Mannes hier ganz besonders zu gedenken,

*) Neuerdings auch ein „nordalbingischer."

welcher das, was wir seit 17 Jahren angestrebt haben, vollendet und zum Ziele geführt hat, und ihm dafür unsern herzlichsten Dank auszusprechen. Stimmen Sie deshalb ein mit mir in den Ruf: Herr Zwanzig aus Leipzig, der Begründer des Allgemeinen Deutschen Schachbundes, lebe hoch!"

Nach dieser, die Verdienste des Herrn Zwanzig um das immerhin unerwartet rasche Zustandekommen des Allgemeinen Deutschen Schachbundes in das gehörige helle Licht stellenden Rede, erhob sich dieser Herr selbst und bat die Festgenossenschaft mit beredten Worten um freundliche Unterstützung und thunlichst mögliche Förderung der Sache des Allgemeinen Deutschen Schachbundes. Hierauf folgte ein prachtvoller Gesangsvortrag des Herrn Pollitz aus Frankfurt, welcher mit herrlicher Bassstimme einige Stellen aus der Zauberflöte und der Entführung aus dem Serail zum Besten gab. Eine Improvisation des Herrn Leo Geiger, welcher die folgenden ihm von der Versammlung zugerufenen Wörter: Herzenslieb, Zukertort, Winawer, Schornsteinfeger, Patt, Besenstiel, Präsident, Wurzelbiescht, Gaul, Massette, Nachtlicht, Zunz, Bauernfänger, Blumenstrauss zu einem artigen humoristischen Poëm zusammenfasste, erregte viel Heiterkeit. Schliesslich verlas Herr Mandl aus Frankfurt eine Anzahl mit grossem Beifall aufgenommener Sprüche „Neuer talmudischer Schachweisheit", u. A.

„Horche auf, mein Sohn, und öffne die Schleussen deines Verstandes, denn schwer zu verstehen ist der Inhalt meiner Rede; merke auf und höre die ersten Regeln des Schachspiels, welche lauten: Ziehe so, wie wenn du gezogen, wünschen wirst gezogen zu haben. — Ein Bauer in der Hand ist klüger als ein Plan auf dem Dache. — So du einen schönen Zug thun willst, so ziehe ihn nicht und mache lieber den guten. — Wofern du, mein Sohn, Schachspielen zusiehst, so hat das Schachbret ausser seinen vier Rändern noch einen fünften Rand, den du zu halten hast. — Siehst du zwei Stümper etwas Unbegreifliches ziehen, so betrachte dir die Stellung genau und vor Allem, ob das Schachbret verrückt ist, oder die Spieler. — Wenn du eine Partie verloren hast, uud du ärgerst dich, so drehe das Bret herum, und du hast sie gewonnen, und wenn du dir den Bilguer hast kommen lassen, so schneide ihn zuerst auf, bevor du aufschneidest, du seiest ein grosser Schachspieler. — Hüte dich vor den Gambitspielen, denn du glaubst, du bekommst etwas und man nimmt dir doppelt, dem alten Weisheitsspruche gemäss: Schenken heisst Angeln. — Hüte dich auch vor der jetzt so beliebten compromittirten Partie, wo Alles darauf ankommt, den Gegner einzusperren. —

Mein Sohn, Reden ist Silber, Schweigen ist Gold und Deutschland hat jetzt die Goldwährung, darum halte Dich an das Gold und offen Auge und Ohr. — Die Erfindungen der Neuzeit: Telephon, Microphon, Denunciant etc. beruhen alle auf dem System des Horchens. — Darum, mein Sohn, stopfe Deinen vorlauten Mund, so Du etwas zu stopfen hast und horche auch bei diesem friedlichen Schachcongresse auf das Echo von allen Congressen — Essen und spiele Deinen Unmuth hinunter mit Rheinwein und Champagner und blicke auf diese friedliche und fröhliche Versammlung, deren Delegirte sich bekämpfen mit den Waffen des Geistes, die auch wegnehmen, aber um dafür wiederzugeben: Hochachtung, Liebe und Freundschaft und stimme mit mir ein in den freien, fröhlichen Schlachtruf: „Hoch die Schachwelt, hoch der westdeutsche Schachbund!"

Von den vier Schachliedern geben wir das zweite, welches auch weiteren Schachkreisen Vergnügen zu bereiten geeignet ist, trotz seiner Länge hier vollständig wieder; Verfasser desselben ist der bereits mehrfach erwähnte Herr Mandl.

Melodie: „Wenn der Vater mit dem Sohne."

Wenn die Königin alleine
Gleich im Anfang auf die Beine
Nach dem H-feld schnell sich drückt,
Und der And're seine Bauern,
Seines Königs feste Mauern,
Schon zu weit hat vorgerückt:
Dann ade! ade! ade!
Dann o weh! o weh! o weh!
Bald ein Schäfermatt sich schickt.

Wenn ein Jüngling renommirt hat,
Dass als Meister er geziert hat
Clubs wie Leipzig und Berlin,
Und in Butzbach ihm ein Jünger,
Vorzugeben einen Springer,
Proponirt und schlägt ihn kühn:
Dann ade! ade! ade!
Dann o weh! o weh! o weh!
Ist der ganze Nimbus hin.

Wenn ein allzuflinker Springer,
Schon berührt ist mit dem Finger

Und der Zug dir nicht behagt;
Unschuldvolles Schnurrbartstreichen,
Kann den Gegner nicht erweichen,
Der mit „pièce touchée“ dich plagt
Dann ade! ade! ade!
Dann o weh! o weh! o weh!
Wenn Du nicht „j'adoube“ gesagt.

Wenn Du ein Problem gedichtet,
Componirt hast, eingerichtet
Ein geniales Vierzugmat,
Und es schreibt die Illustrirte,
Dass wenn man den Läufer führte,
Man's bereits im zweiten hat:
Dann ade! ade! ade!
Dann o weh! o weh! o weh!
Hast Du bald das Dichten satt.

Wenn ein vorgerückter Bauer,
Den Du mühsam hast und sauer
Auf das letzte Feld gebracht,
Vom Triumphe ganz berauscht wird
Und zur Dame umgetauscht wird,
Doch ein lumpig Pat nur macht:
Dann ade! ade! ade!
Dann o weh! o weh! o weh!
Wirst dazu noch ausgelacht.*)

Wenn im übergrossen Eifer
Du geopfert Dam' und Läufer,
Auch zwei Thürme und die Pferd',
Und es plötzlich Dir will scheinen,
Dass von allen Deinen Steinen
Nur der König Dir gehört:
Dann ade! ade! ade!
Dann o weh! o weh! o weh!
War das Opfer nicht viel werth.

---

*) Dieser Vers verursachte ganz besondere Heiterkeit, weil Herrn Zwanzig am selben Morgen dieses Malheur mit seinem Gegner im Hauptturnier, Herrn Zunz, passirt war. Von diesem komischen Zwischenfall hatte freilich der Dichter vorher keine Ahnung gehabt!

Wenn zwei abgehetzte Rössel
Müd' den König, wie im Kessel,
Jagen um das Brett herum,
Und der Stümper statt er pat wird,
Auf das Randfeld, wo er mat wird,
Selbst zu gehen ist so dumm:
Dann ade! ade! ade!
Dann o weh! o weh! o weh!
Bringt ein Ross das and're um.

Wenn man im Turnier so weit ist,
Dass der erste Preis bereit ist,
Für den Sieg erkämpft so heiss,
Und man nonchalant nicht Acht gibt,
Dass ein Thurm, der ewig Schach gibt,
Grausam Hohn zu bieten weiss:
Dann ade! ade! ade!
Dann o weh! o weh! o weh!
Schmerzt gar tief der zweite Preis.

Wenn der Eine malitiös wird
Und der And're dann so bös wird,
Bis ein heisser Streit entbrennt,
Und man packt sich an den Röcken,
Und man schlägt sich mit den Stöcken
Bis die Polizei sie trennt!
Dann ade! ade! ade!
Dann o weh! o weh! o weh!
Hat das Spiel ein plötzlich End'.

Der ganze Verlauf dieses denkwürdigen Festabends, welcher übrigens bis in die späte Nacht hinein ausgedehnt wurde, war ein durchaus ungetrübter und harmonischer und wird allen Betheiligten stets eine angenehme Erinnerung bilden.

Am folgenden Tage wurden die Turnierkämpfe fortgesetzt. Abends fand ein gemeinschaftlicher Ausflug „zu Wasser und zu Lande“ nach dem Forsthause im Frankfurter Stadtwalde statt. Man bestieg mehrere bewimpelte und beflaggte Boote und fuhr unter den Klängen festlicher Musik eine Strecke mainabwärts. Tausende von Menschen bedeckten die beiden Stromufer und folgten der kleinen Flottille mit neugierigen Blicken. Am

Landungsplatze angelangt, formirte man zwanglose Rotten und zog nach dem noch ein Stündchen weit entfernten Forsthause, wo eine einfache, aber heitere und gesellige Tafelei den Beschluss machte. Dass nach der Heimkehr in Frankfurt eine Anzahl der kneiplustigen Schachbrüder sich noch in der zur ständigen Exkneipe erkorenen „Bavaria" zusammenfand, darf nicht vergessen werden.

Am Dienstag, den 30. Juli, Fortsetzung der Turniere in dem köstlichen Palmengarten*). Mittags ein weiteres Banquet, bei welchem natürlich wiederum Vorträge und Toaste in Menge zum Vorschein kamen. So machte u. A. Herr Hammacher die Mittheilung: „dass der Kölner Schachclub dem Frankfurter Collegen seinen Gruss entbiete und ein Mitglied desselben, Herr Julius Sternfeld, diesem Grusse in einem nach Schillers Glocke verfassten Gedichte Ausdruck gegeben habe. Herr Sternfeld sei leider verhindert gewesen, persönlich anwesend zu sein, und habe daher ein anderes Kölner Club-Mitglied, Herrn Carl Schultz gebeten, das Gedicht vorzutragen." Herr Schultz trug alsdann die nachfolgende Dichtung mit kräftigem Organ vor, und wurde dieselbe beifällig und dankbar aufgenommen:

Euch Ihr Herren, die da kamen
Hin nach Frankfurt zum Turnier,
Und auch Euch, Ihr holden Damen,
Uns'rem Bund zu hoher Zier,
Sendet Köln am Rhein,
Allen im Verein,
Viele Grüsse zu dem Tage
Uns daneben Euch zur Plage.

Zu uns'res Bundes Festlichkeiten
Geziemt sich wol ein ernstes Wort,
Lasst gute Reden sie begleiten,
Und werft die Sorgen über Bord!
Doch lasset uns mit Fleiss betrachten
Was der Congress, der zwölfte bringt:
Den schlechten Mann muss man verachten,
Der nichts bedenket — wenn er trinkt!

*) Kaum 14 Tage später wurde leider ein beträchtlicher Theil des Vordergebäudes dieses unvergleichlich schönen Etablissements ein Raub der Flammen; glücklicherweise gelang es des Feuers, ehe es allzugrosse Dimensionen angenommen, Herr zu werden.

Das ist's ja, was das Schachspiel zieret,
Und darum steht's im ersten Rang,
Dass zur Geselligkeit es führet,
Zu Spiel, Gesang und Becherklang! —
Zu unserm zwölften Jahresfeste,
Von Nah und Fern herbeigeeilt,
Begrüssen wir der Spieler beste,
Die Manchen schon manchmal verkeilt.
Drum prüfe, wer zum Spiel sich bindet,
Dass er die richt'gen Züge findet,
Dass ihm die Palme nicht entrinnt!
„Betrachtet euch die Sieggewöhnten,
„Die Siegbewussten, Preisgekrönten,
„Bei denen selten man gewinnt,
„Den Anderssen vor allen Dingen,
„Den Paulsen auch aus Nassengrund,
„Sie wetzen heute ihre Klingen
„Mit Minckwitz Hans im Freundschaftsbund!
Was immer nur im Schach verborgen,
Und wär's des zehnten Zuges Grund,
Das tüfteln sie heraus zum Morgen —
Wir staunen oft mit offnem Mund!

Lasst die Gläser fröhlich klingen,
Wein erhöht den Hochgenuss;
Auf dass Preise wir erringen
Und uns fern bleibt der Verdruss,
Lasst betrachten uns
Uns'res Spieles Kunst!
Wohl mit Recht wir Künstler nennen,
Die das Schach gut spielen können.

Was uns schwarz-weiss zum Diagramme
Aus simplem Holz der Schreiner schafft,
Figuren aus demselben Stamme,
Zur Hälfte schwarz gefärbt mit Saft —
So wenig ist's, was wir bedürfen,
Um das sich uns're Geister zieh'n,
Worauf mit sinnreichen Entwürfen
Kraft und Verstand besiegt den Spleen.

„Ein Brett mit vierundsechzig Feldern,
Worauf wir die Figuren leiten,
So übergabens uns die Eltern,
Und dauern wird's in Ewigkeiten!"

An des Königs Seite weilend,
Schützend ihn in seinem Reich,
Manchen Angriff leicht zertheilend,
Kömmt der Dame Kraft Nichts gleich;
Unschätzbar ist stets ihre Macht,
Wenn sie der Spieler gut bewacht
Und Acht giebt auf des Feindes Spielen,
Das dahin zielt, sie zu erzielen:
Denn die schlechtesten Gedanken,
Opfer selbst mit Hinterlist,
Führt der Gegner in die Schranken —
Vorsicht stets zu rathen ist!
Schieben ohne Ueberlegen
Bringt nicht Segen;
Nur was Geistes Arbeit schafft
Giebt uns Kraft;
Auch gebrauchet erst beim Sturm
Euren Thurm,
Wahrt ihn gut!
Im Getümmel gegen Feindes Brut
Springer auf!
Läufer lauf!
Dass Verderben bald umstricket
Feindes Truppen, dahin blicket!
Doch ihr Bauern, unberücket,
Gehet vorwärts, König schützend,
Eure Führer unterstützend.
Doch mit des Geschickes Mächten
Ist im Schach kein Bund zu flechten.
Eine Wendung kommt oft schnell:
Verderblich wird des Feindes Macht
Dem Gegner durch ein Abzugsschach,
Wenn unverseh'ns und ohn' Erwarten
Er aufdeckt seines Spieles Karten,
Durchbrechend uns'res Heeres Kette:

Ja dann flüchte, renne, rette,
Denn des Feindes Macht wächst schnell
Riesengross!
Hoffnungslos
Weicht der Mensch dem stärkern Kämpen,
Versuchts noch wohl mit einem Pat,
Doch eh' er's glaubet, ist er mat!
Einen Blick nach dem Grabe
Seiner Habe
Sendet er wohl noch zurück
Und ärgert sich der arme Knabe,
Dass Feindes List ihn so beraubt —
Ein Preis wird ihm nicht mehr verlieh'n:
Er zählet die Verlustpartie'n
Und traurig schüttelt er das Haupt!

Lasst uns nun die Neige leeren,
Schenket dann von Neuem ein:
Unsere Wirthe hoch zu ehren,
Lasst ein volles Glas uns weih'n!
Rufet laut mit mir,
Die ihr fremd allhier,
Dass die Taunusberge beben:
Frankfurts Schächer sollen leben!

Nachmittags 4 Uhr nahm die Blindlingsproduction ihren Anfang. Louis Paulsen spielte gegen fünf Gegner, nämlich: Jean Günther, G. Schnapper und Stabsarzt Dr. Albers aus Frankfurt, Schwarzschild aus Paris und Stern aus Fulda. Er gewann drei Partieen, nämlich die gegen Schnapper, Dr. Albers und Stern, und machte die übrigen beiden unentschieden. Alexander Fritz spielte ebenfalls gegen fünf Gegner, nämlich: Carl Schultz aus Cöln, Esling aus Hannover, von Moller aus Wiesbaden, Kaufmann und Drucker aus Frankfurt. Der jugendliche Meister gewann drei Partieen, nämlich die gegen Esling, v. Moller und Kaufmann, und verlor die übrigen beiden. Die Production währte bis $8^3/_4$ Uhr Abends! beide Blindlingsspieler erndteten natürlich wohlverdienten Beifall.

Am darauf folgenden Tage siedelte man wieder in den zoologischen Garten über, wo die Congressbesucher nunmehr bis zum officiellen Schluss verblieben. Dieser Tag war einzig dem Spiele gewidmet: nur die Preisvertheilung im Haupt- und Tombola-Turnier, sowie in den beiden Nebenturnieren fand Nachmittags statt.

Am Donnerstag, den 1. August, Fortsetzung des Meisterturniers. Die Meisten der auswärtigen Theilnehmer an den übrigen Turnieren waren, da diese beendigt, abgereist, doch herrschte in den geräumigen Spiellocalen bis zuletzt noch immer ein reges Leben. Am Nachmittag wurden 2 Consultationspartieen arrangirt. Der Mannheimer Schachclub hatte vier der hübschen Weckeruhren welche in den Turnieren als Zeitmesser dienten, zu einer beliebigen Verwendung zur Verfügung gestellt. Diese Uhren wurden für diese Gelegenheit als Preise für die Sieger ausgesetzt. Es spielten Anderssen und Hammacher einerseits gegen Schwarz und Wilfried Paulsen andererseits. Die Letztgenannten waren erfolgreich. In der zweiten Partie siegten Metger und Fritz gegen Wemmers und Minckwitz. Schwarz, W. Paulsen, Fritz und Metger erhielten demnach je eine der sehr correct gehenden, zierlichen Uhren. Louis Paulsen konnte Unwohlseins halber nicht an der Berathung theilnehmen. Stern hingegen verzichtete als Vertreter der Spenderin Mannheim.

Am Freitag, den 2. August, wurden auch die letzten Partieen im Meisterturnier gespielt. Schwarz schlug Metger in drastischer Weise, Hammacher erzielte gegen den Altmeister Anderssen ein Remis, und Louis Paulsen siegte gegen Minckwitz nach hartnäckigem Kampfe — die letzte Partie, die in diesem, dem bisher bedeutendsten Turniere des Westdeutschen Bundes, gespielt wurde. Dieser Tag war entscheidend hinsichtlich des schnellmöglichsten Abschlusses des Turniers. Wenn Metger gegen Schwarz ein Remis erreicht, Paulsen gegen Minckwitz verloren hätte, so hätten die beiden ersten Preisträger miteinander stechen müssen; das gleiche Resultat hätte sich ergeben, wenn wie geschah, Metger verloren, und Minckwitz remis gemacht hätte. Gewann aber Letzterer gegen Paulsen und Schwarz gegen Metger, so erhielt Schwarz den ersten, Paulsen nur den zweiten Preis. Man kann sich denken, dass am Morgen dieses Tages die Erwartungen allgemein auf's Höchste gespannt waren. Die „Westminster Papers", deren Redaction sich durch die noch nie dagewesene Schnelligkeit, mit welcher sie die Partieen vom internationalen Congress zu Paris veröffentlichte, ein glänzendes Zeugniss ihrer Leistungsfähigkeit ausgestellt hat, bemerkte in einer ihrer jüngsterschienenen Nummern, dass dieses westdeutsche Turnier, wäre es nicht durch das kaum beendigte Pariser verdunkelt worden, die

Augen der Schachwelt in höherem Grade auf sich gezogen haben würde. Dies unterliegt keinem Zweifel. Man verstatte übrigens gleich hier und nehme nicht übel auf eine bescheidene oratio pro domo des Herausgebers. Als derselbe am 31. Juli gegen Anderssen infolge seines 42. und 43. Zuges (man vergl. die betr. Partie) den Gewinn aus der Hand gegeben und — eine Verlustpartie pflegt andere nach sich zu ziehen — am Nachmittag desselben Tages, in leicht erklärlich aigrirter Stimmung, auch gegen W. Paulsen durch grobes Versehen unterlag, machte er dem Comité die Mittheilung, das es sein Wunsch sei, mit dem aus dem Turnier hervorgehenden ersten Preisträger einen Match zu spielen. Obwohl seit vielen Jahren (seit Crefeld und Wiesbaden 1871) fast gänzlich ausser Uebung im praktischen Spiel, glaubte der Herausforderer, begründet oder nicht begründet, sich selbst eine Revanche schuldig zu sein, welche das Comité in zuvorkommendster Weise zu gewähren sich bereit zeigte. Louis Paulsen lehnte jedoch, des bereits erwähnten Unwohlseins halber, die Herausforderung ab, und das Comité, dem die angeregte Idee eine willkommene Gelegenheit zu bieten schien, dem Congress noch ein nicht uninteressantes Nachspiel zu verleihen, schlug nun einen Match zwischen dem zweiten Preisträger, Herrn Schwarz und Minckwitz vor. Zu einem Solchen lag allerdings ein besonderes Motiv nicht vor, indessen ging Minckwitz, der, wie auch die sämmtlichen übrigen Turniertheilnehmer, in Herrn Schwarz einen, seinen Antecedentien nach, unerwartet starken Spieler kennen gelernt hatte, gern auch auf diesen Vorschlag ein, und Schwarz erklärte sich gleichfalls bereit. Das Comité bestimmte Hundert Mark für den Sieger und halb soviel als Entschädigung für den Verlierer. Auf solche Weise kam dieser Wettkampf zu Stande, der auch für den Unterlegenen einen nicht unbefriedigenden Ausgang nahm: Schwarz gewann drei, Minckwitz zwei Partieen bei vier Remisen. —

Ein grosser Theil der noch anwesenden Congresstheilnehmer unternahm am Nachmittag noch einen Ausflug nach dem reizend gelegenen Königstein im Taunus. Herr M. Schwarzschild, welcher daselbst nebst Familie mittlerweile seinen Sommeraufenthalt genommen, hatte eine freundlich dringliche Einladung dahin ergehen lassen, der die Schachfreunde nun gern nachkamen. Man verlebte in Königstein einen äusserst genussreichen Nachmittag, bestieg u. A. die dort befindliche wohlerhaltene Ruine, eine der schönsten und grössten in deutschen Landen, und nahm am Abend im Hôtel Pfaff ein splendides Souper ein, welches Herr Schwarzschild nebst Gemahlin in gastfreundlichster Weise angeordnet hatten und durch höchste persönliche Liebenswürdigkeit verschönten. Während des Mahls proklamirte Herr Hammacher, als Leiter des Turniers, die Sieger im Meisterturnier und brachte auf dieselben, „als die Meister der Meister", ein Hoch aus. Unter herzlichem Danke verabschiedete man sich gegen zehn Uhr Abends von Herrn und Frau Schwarzschild und kehrte, sehr heiter gestimmt, nach Frankfurt zurück.

Am nächsten Morgen fand nun noch die officielle Preisvertheilung des Meisterturniers statt, worüber wir schon berichtet haben. Ausserdem wurden L. Paulsen, Schwarz, Anderssen und Minckwitz durch die Ernennung zu Ehrenmitgliedern des Frankfurter Schachclubs überrascht. Endlich wurden noch die Modalitäten des Wettkampfes Schwarz — Minckwitz festgesetzt. Man vereinigte sich auf, nach den Turnierbestimmungen zu spielende, neun Partieen in Summa.

Die auswärtigen Besucher verabschiedeten sich hierauf. Der Wettkampf begann am Sonntag früh und endigte am Donnerstag den 8. August. Derselbe wurde in dem Locale des Schachclubs ausgefochten. —

Noch dürfen wir nicht vergessen, dass die zehn Theilnehmer am Meisterturnier und die beiden Präsidenten sich vor der Trennung auf Veranlassung des Comités photographiren liessen. Das Bild ist ein wohlgelungenes, entschieden eines der besten seiner Art.*) Ferner, dass sich ein über zwanzig Mann starkes sogenanntes Vergnügungscomité gebildet hatte, welches sich speciell die Aufgabe gestellt hatte, sich dem Amüsement der fremden Gäste zu widmen. Da jedoch die Lösung von Problemen häufig grosse Mühe verursacht, so darf es nicht verwundern, wenn von diesem Problem keine Lösungen eingelaufen sind.

Obwohl wir unsern Bericht nach jeder wünschenswerthen Richtung hin ausführlich genug abgefasst zu haben glauben, können wir uns doch das Vergnügen nicht versagen, zum Schluss das lebendig geschriebene Referat eines Frankfurter Club-Mitgliedes, des Herrn Gottl. Schnapper, hier wiederzugeben, welches im Feuilleton der Frankfurter Zeitung publicirt wurde. Dasselbe wird vielleicht dazu dienen, unsere Mittheilungen in mancher Beziehung zu ergänzen.

Leipzig, im August 1878.

*) Zu haben bei dem Photographen, Herrn Emil Rheinländer Hochstrasse 32 in Frankfurt a. M. Preis M. 6. —

Vom Frankfurter Schachcongress.

G. Sch. Frankfurt, 11. August.

Nichts ist subjectiver als die Urtheile, welche man gewöhnlich über das Schachspiel fällen hört. Wer mit tüchtigen Geistesgaben ausgestattet, ein wenig allzusehr in diesem Mikrokosmos sich verloren hat, citirt Leibnitz und setzt Alles daran, eine „Schachwissenschaft" zu construiren; wer es nicht so weit zu bringen vermag, behauptet, dass er es nur „zum Vergnügen" spiele, und wer endlich ganz unglücklich mit seinen Versuchen bleibt, der citirt Lessing und sagt, „dass das Schach für ein Spiel zu ernst und für Ernst zu viel Spiel sei" — wobei er freilich aus der Noth eine Tugend macht und sich obendrein darin irrt, dass das fragliche Dictum nicht Lessing, sondern Montaigne zum Urheber hat.

Lassen wir dies aber bei Seite und neigen wir uns vielmehr zur Partei der Apologeten hin; verwahren wir uns namentlich gegen den naseweisen Knaben Hiang Toh. Als dieser Strick nämlich, an dessen altklugen Gesprächen der grosse Konfucius sich schon geraume Zeit ergötzt hatte, von dem Philosophen aufgefordert worden war, mit ihm eine Partie Schach zu spielen, versetzte er: „Wenn der Kaiser das Spiel liebt, so wird das Reich nicht regiert werden, wenn die Adeligen das Spiel lieben, so wird die Regierung gehindert werden; wenn die Schüler dasselbe lieben, so wird die Gelehrsamkeit und Nachforschung wegfallen und verloren gehen; wenn die unteren Klassen gern spielen, so werden sie den Unterhalt ihrer Familien ganz verlieren, wenn Diener und Sklaven das Spiel lieben, so werden sie Prügel bekommen; lieben es die Pächter, so versäumen sie die Zeit zum Pflügen nnd Säen; aus diesen Gründen werde ich nicht mit Dir spielen." Der gute Hiang Toh ist entschieden ein Schwarzseher gewesen: er würde, hätte man ihm unsere Gäste vorgestellt, die eine wahre Musterkarte der verschiedensten gelehrten nnd ungelehrten, civilen und militärischen Berufe darboten, er würde sich alsdann wohl überzeugt haben, dass man ein tüchtiger Schachspieler sein kann, ohne dadurch zu jeder „bürgerlichen Hantirung unfähig" zu werden. Um einen Congress aber ist es überhaupt kein so fürchterliches Ding. Für gar Viele liefert er nur den Vorwand zu einer Erholungsreise, und ausserdem, Hand aufs Herz, wenn ein Schachcongress um nichts Anderes erfolgt, als um ein Spiel, wie viele anspruchsvollere Genossen hat er, deren Resultat auch nichts Anderes ist als Spielerei?

Der verflossene Congress ist ein Congress des westdeutschen Schachbundes gewesen. Kaum war unser junger, 1873 gegründeter Schachclub diesem Bunde beigetreten, so ward ihm auch schon die Ehre zu Theil, den folgenden Congress in den heimathlichen Mauern beherbergen zu dürfen. Eine gefährliche Konkurrenz drohte dem Feste. Nahezu um dieselbe Zeit, kurz vorher, sollte in Paris der internationale Schachcongress stattfinden. Doch ging diese Gefahr glücklich vorüber. Als nämlich unser Congress begann, kämpften in Paris von den Geladenen nur noch der Londoner Zukertort und der Pole Winawer um den ersten Preis: zwei Sèvres-Vasen im Werthe von 7000 Fr. Die Uebrigen waren abkömmlich geworden.

So war es denn eine ungewöhnliche Menge, welche am vorbereitenden Abend des 27. Juli das erweiterte Clublocal im Hotel Henkel, Brönnerstrasse, erfüllte. Aus allen Gauen Deutschlands hatte man sich eingefunden; aus Insterburg sogar wurde mit Stolz ein Fremdling aufgezeigt. Der Brennpunkt der Neugierde an diesem Abend war die Frage, wo denn Anderssen sei. Denn er war da, der Nestor und unstreitig der populärste der deutschen Schachmatadoren, der Gewinner zahlloser Preise, der Mann, „welcher zur Zeit Deutschlands tiefster Erniedrigung den deutschen Namen im Ausland auf einem idealen Felde zu Ehren gebracht". (Man sieht, dass auch das Schachspiel seine Chauvinisten hat.) Am Meistertisch sass er, wie ein gewöhnlicher Sterblicher. Rings um ihn keine kleinen Gestirne: Louis und Wilfried Paulsen aus Nassengrund, Schwarz aus Wien, Minckwitz aus Leipzig, Wemmers und Hammacher aus Köln, Stern aus Mannheim, Fritz aus Giessen, Metger aus Göttingen! An diesem Meistertisch wurde die Ordnung des Meisterturniers festgestellt. Zu wissen ist nämlich, dass für dieses Fest es Jedem oblag, sich selbst zu taxiren und je nach der selbst ertheilten Censur in eins der drei Turniere, Meisterturnier, Westdeutsches Hauptturnier oder Nebenturnier einzutreten. Je höher der Rang des Turniers, um so werthvoller die Preise, um so geringer aber für den Schwächeren die Aussicht auf Gewinn. Im Meisterturnier ist es Regel, dass Jeder mit Jedem spiele, in den anderen dagegen wird in Gängen gespielt — ein kapriziöses Ding, bei dem Fortuna keine kleine Rolle hat. Von 16 Personen setzt man z. B. acht gegen acht, dann vier gegen vier u. s. f. wie das Loos es will, wobei es ganz leicht geschehen kann, dass der zweitstärkste Spieler im ersten Gang ausfällt, wogegen schwächere Spieler in die höheren Gänge und damit zu Preisen gelangen können. Dies ist traurig, aber man schaut in der Schachwelt bis dato vergeblich nach Rettung aus. Denn wollte man diesen Modus verlassen, so würde man ebensoviele Wochen wie jetzt Tage zusammenbleiben müssen.

Am Sonntag Morgen begann der Kampf. Man hatte die oberen Säle im Gesellschaftshause des Zoologischen Gartens zum Tummelplatz erwählt, ein prächtiges Local, in welchem man jedem Bedürfniss gerecht werden konnte. Ueberall wohin hier das Auge blickte, nichts als hölzerne Heere, schwarze und weisse! Man wird wohl Respect vor dieser Macht bekommen, wenn wir sagen, dass, als die Glocke 10 Uhr schlug nicht weniger als je 84 Könige und Damen, je 168 Läufer, Springer und Thürme und 672 Bauern, im Ganzen also 1344 Kombattanten, in den Kampf eintraten. Noch allerlei seltsamen Apparat erblickte man neben den Bretern aufgestellt: Weckuhren als Embleme der Meister, Sanduhren als Embleme der Gesellen; denn zwanzig Züge per Stunde sind obligatorisch, wenn anders die Partie nicht dem Säumigen als verloren angerechnet werden soll. In einem besonderen Saale sind die Preise ausgestellt. Alles überragt der erste Meisterpreis; drei Tafelaufsätze; zwei prächtige Pokale, dann schön eingebundene Bücher über Schachdinge und endlich allerhand kleiner Kram aus Böhler's Laden, Schellchen, Aschenbecher, Notizbücher, Zahnstocher, Halter u. s. w. Alle diese niedlichen Gegenstände sind berufen, den Ruhm des Gewinners an die fernsten Orte zu tragen und manchen Konflikt zu versöhnen, der sonst diesem Spiel entspringt. Man denke nur an spätes Nachhausekommen, verdorbenes Essen, zerstreute Antworten, mit Cigarrenasche durchbrannte Tischdecken — wenn der Gatte nun geschlagen vom Kongresse heimgekommen wäre! Und welchen Triumph hätte der Herr Pfarrer oder wer sonst der schwächere, zu Hause gebliebene, Partner ist, gefeiert! „Da ist Hochmuth zu Falle gekommen,“ würde es geheissen haben. Ueber all dies hilft so ein Aschenbecher weg; er wird in der guten Stube prangen und wenn das Söhnchen einmal beim Papa Schach lernt und ihn vielleicht bald überflügelt, so hilft der Aschenbecher den Respekt erhalten und Väterchen weist auf ihn als Zeugniss der leider verschwundenen Grösse hin.

Um 6 Uhr des Abend war Waffenruhe und dann folgte das Banket, an welchem 80 Personen theilnahmen. Hr. Emil Rosenthal, der Präsident des Kongresses, begrüsste seine Gäste in herzlicher Weise; er zog eine Paralelle zwischen unserem Kongress und dem Pariser, der vierzig Tage gewährt, „so lange wie unser Herrgott gebraucht, um die Sündfluth zu arrangiren.“ Viele ernste und humoristische Reden folgten nach; musikalische Zwischenspiele, vokaler und instrumentaler Art, Improvisationen und Tischlieder fehlten nicht. Es war 1 Uhr nach Mitternacht, als man auseinander ging.

Gar emsig geht es her am Montag, sowie am Dienstag Vormittag im Palmengarten. Mittags wieder Banket, wo abermals viel geredet und auch viel getrunken wird. Ein Mann, er sitzt neben dem Präsidenten, beschränkt sich auf ein Gläschen Madeira und vertilgt daneben grosse Portionen Sodawasser. Es ist ein langer Mann von fast mädchenhaftem Aussehen, mit schlichtem Haar. Er spricht wenig und wenn er spricht mit sanfter Stimme. Er wird nach Tische eine grosse Rolle spielen; es ist Louis Paulsen der Blindlingsspieler, Paulsen den wir, trotz heftigen Fiebers, an dem er litt, nachmals als ersten Sieger begrüssen werden. Blindlingsspielen — was mag das für ein Ding wohl sein? Ein Blindlingsspieler ist ein Mann, welcher nicht nur nichts „probirt“ auf dem Brett — das darf überhaupt ein ordentlicher Spieler nicht — nein, der das Brett, an dem er spielt, auch nicht ein einziges Mal zu Gesicht bekömmt, dieweil er seine Gegner beständig vor sich hat. Die Züge desselben werden ihm in einer eigenen Kunstsprache mitgetheilt; in eben dieser Sprache muss er Antwort geben. Nun denke man was das heissen will: nicht nur die möglichen Kombinationen einer Partie, nein, auch die Basis zu denselben im Kopf zu behalten, stets auseinander halten zu müssen, was wirklich geschehen, was nur gedacht worden ist, und dies alles durch vielleicht fünfzig Züge, durch die verwickeltsten Positionen hindurch! Und nicht einem Gegner gegenüber dies Kunststück durchzuführen, sondern mehreren: fünfzehn solcher Partieen hat mitunter Paulsen gleichzeitig aus dem Gedächtniss gespielt und grösstentheils gewonnen! Welch' phänomenale Vorstellungsgabe! In unserem Palmengarten meldeten sich ihm „nur“ fünf Gegner an. Da sass er also, oben in dem kleinen Sälchen, nicht prunkvoll wie einst Morphy bei ähnlichem Schauspiel, da sass er an einem kleinen gusseisernen Tischchen, das Gesicht der Wand zugekehrt, nichts vor sich als die unvermeidliche Wasserflasche. Kaum war ihm ein Zug gemeldet, so erwiederte er schon, nur selten besann er sich mehr als zwei Minuten lang. Auf jeden der Gegner fällt natürlich auf diese Weise fünfmal so viel Besinnungszeit als auf Paulsen. Und doch, nach etwa zwanzig Zügen fiel schon der erste um. „Schach,“ sprach Paulsen leise und gemessen, „und in drei Zügen Matt.“ Nicht lange dauerte es und der Zweite war hin. Dann machte ein Dritter Remis. Endlich starb der Vierte und mit dem Remis des Fünften endete die Vorstellung, die etwas Geisterhaftes an sich hatte.

Herr Paulsen war indess an diesem Nachmittag als Blindlingsspieler nicht allein gewesen. Herr Fritz aus Darmstadt, ein Student der Jurisprudenz, hatte gleichfalls, freilich mit schwächeren Spielern, fünf Partieen aus dem Gedächtniss gespielt, drei davon gewonnen, zwei verloren. Dafür war es auch seine Erstlingsleistung in diesem Genre und die jugendliche Lebhaftigkeit des 21jährigen Künstlers, welcher während seiner Produktion die verschiedensten Allotria trieb und allerlei interessante Privatgespräche führte, war wohl auch nicht ohne Schuld an den beiden Niederlagen. Gewiss mit Recht wird ihm von dem Volk der Schachspieler eine glänzende Schachzukunft prophezeit.*)

Das merkwürdigste bei diesen beiden Blindlingsspielern ist, dass sie das ganze Jahr hindurch, ausser auf Congressen, keine Partieen spielen. Herr Fritz steht unter seinen Giessener Comilitonen einsam auf kalter Höh, und Herr Paulsen — spielt nicht gern. Letzterer bewirthschaftet in stiller Zurückgezogenheit gemeinschaftlich mit seinem Bruder Wilfried sein Gut Nassengrund (Lippe-Detmold). Nur Congresse bringen ihn noch an das Tageslicht und auch da ist ihm der Eclat zuwider. Kaum ist er zu bewegen an einem Bankette theilzunehmen; thut er es doch, so ist strenge Bedingung, dass nicht auf ihn getoastet werde. Wenn er reist und hie und da ein Café aufsucht, so sitzt er wohl einen Abend hindurch neben den Spielern, aber er bewahrt strengstens sein Incognito. Wie mancher Stümper mag da übermüthig auf den stummen Zuschauer geblickt haben. Möge sich Jeder in Acht nehmen; er kann nicht wissen, ob nicht der Meister Paulsen hinter ihm steht!

Tags darauf zog man wieder in den Zoologischen ein und allmälig ging der Congress dem Ende zu. Am Donnerstag waren nur die Meister und einige eifrige Schachenthusiasten auf dem Plan. Einer derselben, welchen nur Zeitmangel verhindert hatte, um einen Preis auf den vierundsechzig Feldern zu kämpfen, eroberte sich doch rasch einen Preis der Gastfreundschaft: er lud die gesammten Kämpen zu einem Souper nach Königstein. Die Theilnehmer kehrten zurück, entzückt von der Landschaft und von der Liebenswürdigkeit, mit welcher Wirth und Wirthin ihnen entgegengekommen waren. So verlief denn der Congress zur allseitigen Zufriedenheit. Am Samstag wurden die Preise vertheilt: Louis Paulsen erhielt den ersten,

*) Eine von Fritz in überaus glanzvollem Style gespielte Partie befindet sich im Anhang.

Schwarz den zweiten, Anderssen den dritten, Minckwitz den vierten, Wilfried Paulsen und Fritz den fünften Preis. Kein Missklang störte das Fest; ritterlich war gekämpft, gesiegt und die Niederlage getragen worden. Von dieser Ritterlichkeit scheint man in früheren Zeiten nicht viel gewusst zu haben. Wenigstens schrieb der spanische Geistliche Ruy-Lopez (1561): „Erste Regel ist, dass wenn du bei Tage spielst, du es so einrichtest, dass dein Feind das Licht gegen die Augen, und wenn du Abends spielst, dass er es zur rechten Hand habe, damit es ihm das Gesicht störe und Schatten werfe.“ Und ferner: „Halte deinen Gegner stets in so gereizter verwirrter Stimmung, wie dir möglich ist, denn die Verwirrung lähmt seine Phantasie und so ist er genöthigt, sich zu irren.“ Nicht ganz ritterlich muss es auch zu Vida's Zeit hergegangen sein; es würde sonst Vida in seinem Epos nicht wohl durch den zuschauenden Mars bereits geschlagene Figuren dem spielenden Phöbus heimlich wieder zuprakticiren lassen. Nicht ganz so friedlich schildern auch die Chroniken das Spiel, wenn sie vermelden, wie ein Sohn Pipin's einem bayerischen Prinzen mit dem Schachbret den Schädel spaltete, nicht so die Olufssage, wenn darin Ulfos auf Befehl des Königs Kanut ermordet wird, weil er diesem einen schlechten Zug nicht zurückgegeben hat. Man sieht, auch im Punkte des Schachspiels sind die Zeiten anders, die Sitten milder geworden. Und so, wie es der Frankfurter Schachcongress gezeigt hat, soll es auch ferner bleiben!

Partieen aus dem Meisterturnier.

Erste Runde.

XVIII. Französische Partie.

	L. Paulsen. Weiss.	Stern. Schwarz.			
1.	e4	e6	11.	a3	Le7
2.	d4	d5	12.	b4	a6?[c]
3.	e5[a]	c5	13.	Lb2	Ld7
4.	c3	Db6	14.	Tc1	b5
5.	Sf3	Sc6	15.	Sc5	h5[d]
6.	Le2	cd	16.	Ld3	Lc5:
7.	cd	Lb4†[b]	17.	Tc5:	Sh4
8.	Sc3	Sge7	18.	Sh4:	Dh4:
9.	0—0	Sf5	19.	f4	Ke7?[e]
10.	Sa4!	Dd8	20.	f5	Tac8
			21.	g3	Dh3
			22.	Tf4	Aufg.

Erläuterungen.

a) Dieser Zug wird von der Theorie als schwach bezeichnet, weil bei richtiger Vertheidigung der Angriff auf Schwarz übergeht.

b) Statt dessen sollte sofort Sge7 nebst Sf5 geschehen.

c) Vorzuziehen wäre 0—0 nebst späterem b6 und Lb7.

d) Schwarz steht nicht besonders, der nun folgende Angriffsversuch aber ist vollends verfehlt.

e) Ein entscheidender Fehlzug, doch macht die schwarze Stellung ohnehin keinen günstigen Eindruck mehr; am Besten wäre wohl noch g6 nebst De7.

XIX. Unregelmässige Eröffnung.

	W. Paulsen. Weiss.	Anderssen. Schwarz.
1.	e3	c5
2.	c4	e6
3.	Sc3	f5
4.	g3!	Sf6
5.	Lg2	Le7
6.	Sge2	0—0
7.	0—0	a6
8.	d4	Dc7
9.	d5	e5!
10.	b3	d6 a)
11.	Dc2	g6
12.	e4	Tf7 b)
13.	Ld2	fe c)
14.	Se4:	Se4:
15.	Le4:	Lh3
16.	Lg2	Lg2:
17.	Kg2:	Sd7
18.	Sc3	Sf6 d)
19.	f4	ef
20.	Tf4:	Lf8 e)
21.	Taf1	Lg7
22.	Se4	De7
23.	Sg5	Tff8
24.	Se6	Sh5
25.	Tf8†	Lf8:
26.	Lg5	Dd7
27.	Df2	Lg7
28.	g4	Tf8 f)

Weiss kündigt Mat in zwei Zügen an.

Erläuterungen.

a) Schwarz hat ein ziemlich beengtes Spiel; seine Figuren auf dem Damenflügel sind schwer liquid zu machen.

b) Besser wäre hier sofort fe, worauf nach 14. Se4:, Se4: 15. Le4:, Lf5 (Lh6, Tf7) Schwarz mit Sbd7 zur Entwickelung gelangt. Anderssen spielt die Partie schwach, namentlich gegen den Schluss.

c) Auch jetzt ist dies noch gut, der Läufer ginge aber wohl später besser nach f5 statt nach h3.

d) da Schwarz, wie die Folge lehrt, den feindlichen Springer doch nicht abhalten kann, so wäre hier Lf6 nebst Sf8 angezeigt; es scheint uns, als könne Schwarz das Spiel dann noch halten, z. B. 18 . . . ., Lf6 19. Se4, Sf8 20. Tae1 (Lh6, Lg7!), Te8 etc.

e) Besser wäre noch Taf8; Schwarz ist nun verloren.

f) Der schnellste Tod ist der beste — sagte schon Cäsar!

XX. Vierspringerspiel.

	Hammacher. Weiss.	Metger. Schwarz.			
1.	e4	e5	17.	d4	Ld6
2.	Sc3	Sc6	18.	Th4?c)	g5
3.	Sf3	Lb4	19.	Th6:	Kg7
4.	Lb5	Sf6	20.	Tf6:	Df6:
5.	Sd5	Lc5	21.	Df3	Dh6
6.	d3	h6	22.	h3	Dh4
7.	0—0	d6	23.	Sd3?	g4
8.	Se1a)	0—0	24.	Df2	Lg3
9.	Lc6:	bc	25.	Sf5†	Lf5:
10.	Se3	d5	26.	Df5:	gh
11.	ed	cd	27.	Dh3:	Th8
12.	Kh1	De7	28.	Dh4:	Th4‡
13.	De2	c6	29.	Kg1	Tah8
14.	c3	a5	30.	Kf1	Te8
15.	f4b)	ef	31.	Sf2	
16.	Tf4:	Te8			

Schwarz kündigt Mat in zwei Zügen an.

Erläuterungen.

a) Dieser Zug ist nicht besonders, da der f-Bauer ja zunächst noch gefesselt ist; wir würden Le3, c3 oder h3 empfehlen.

b) Weiss sollte mehr auf seine Entwickelung bedacht sein; der gewählte Zug ist zu schwach.

c) Der entscheidende Fehlzug, welcher von Schwarz höchst energisch ausgenutzt wird.

XXI. Giuoco piano.

	Schwarz. Weiss.	Fritz. Schwarz.			
1.	e4	e5	3.	Lc4	Lc5
2.	Sf3	Sc6	4.	0—0	Sf6
			5.	Sc3	d6
			6.	d3	Lg4

7.	Le3	De7[a])	23.	c3	Kb7
8.	h3	Lh5[b])	24.	d4	h5[f])
9.	Lb5[c])	Lb6	25.	Te1	De6
10.	Sd5	Dd7	26.	Df5	Dh6
11.	Lg5	0—0—0	27.	d5	Dg5
12.	Lf6:	Lf3:	28.	Dg5:	Tg5:
13.	Df3:	gf	29.	dc†	Kc6:
14.	Df6:	Tde8	30.	Te3	h4
15.	Sb6:	ab	31.	Tef3	T8g7
16.	Dh4	Teg8	32.	Tf4	Te5
17.	f4	Tg7	33.	Th4:	Kc5
18.	Tf2	Thg8	34.	Thf4	Kc4
19.	Taf1[d])	ef	35.	Tf7:	Te7
20.	Lc6:	bc	36.	Tg7:	Tg7:
21.	Kh2	De6	37.	g4	und Weiss gewann.
22.	Df4:	Da2:[e])			

Erläuterungen.

a) Wir halten dies für mindestens ebenso gut, wie Lb6, oder Le3:, für noch besser aber 0—0 (vergl. Partie XXXII.)

b) Schwarz sollte nun lieber auf f3 und e3 abtauschen und dann rochiren.

c) Ein guter Zug! Weiss erlangt nun ein starkes Angriffsspiel, welches mindestens einen Bauer einbringt.

d) Besser wäre Kh2 nebst Df4:, womit Weiss seinen Bauer behauptet.

e) Schwarz hat den Bauer nun zurückgewonnen und bei richtiger Fortsetzung Aussicht auf Remis.

f) Dieser Zug ist, da der vorgeschobene Bauer nicht zu halten ist, schwach; Schwarz sollte die Dame wieder nach e6 bringen.

XXII. Abgelehntes Evans-Gambit.

	Wemmers.	Minckwitz.			
	Weiss.	Schwarz.	2.	Sf3	Sc6
			3.	Lc4	Lc5
1.	e4	e5	4.	b4	Lb6

5.	b5	Sa5	21.	Ld3	Te5
6.	Le2	d6 a)	22.	Sb6:	ab
7.	0—0	Sf6	23.	Dg4†	Tg5
8.	Sc3	0—0 b)	24.	Dd7	Th5 g)
9.	d4	ed	25.	h3	Tc5
10.	Sd4:	De8 c)	26.	Tae1	f5 h)
11.	Dd3	De5	27.	Lf5:	Df6 i)
12.	Sf3	Dh5	28.	Ld3	Td8
13.	Lg5	Dg6	29.	Dg4†	Kh8
14.	Lf6:	Df6:	30.	Te3	Tg5
15.	Sd5 d)	Dh6	31.	De4	Tg7
16.	Sd4	Le6	32.	Tg3	d5
17.	Sf5 e)	Lf5:	33.	De2	c6
18.	ef	Tfe8	34.	Tg7:	Dg7:
19.	f6 f)	gf	35.	Te1	cb
20.	Df3	Kg7	36.	Lb5:	Sc6 k)

Erläuterungen.

a) Besser ist Sf6 nebst d5.

b) Statt dessen käme Lg4 in Betracht.

c) Es ist sehr fraglich, ob Schwarz eine bessere Fortsetzung hat; der Damenzug vermeidet die Fesselung auf g5 und entwickelt die Dame. Der Springer auf a5 ist abgeschnitten und wenigstens vorläufig nicht liquid zu machen. Auf Le6 könnte f4 geschehen.

d) Weiss hat ein sehr gutes Spiel und benutzt dasselbe bis zu einem gewissen Punkte vortrefflich.

e) Vielleicht wäre Se7† nebst Sf5 kräftiger.

f) Dieses Bauernopfer ist zwar ganz correct, stärker wäre aber wohl Sb6: nebst f4.

g) Um den h-Bauer, weil der Punkt h7 schwach ist, heraufzulocken, damit das Feld h3 für die weissen Thürme versperrt sei.

h) Nothwendig zur Gewinnung eines wichtigen Tempos.

i) Schwarz versäumt hier die günstige Gelegenheit, seinen Springer über c4 in's Spiel zu bringen; er beabsichtigte ursprünglich Dg5 nebst Td8 und übersah dabei den Zug Le6, sonst hätte er Sc4 gezogen, womit sein Spiel überlegen gewesen wäre.

k) Schwarz hat nun zwar den Springer frei, aber sehr schlechte Bauern.

37.	Dh5	Dg6	52.	Kd2	Ta8
38.	Df3	Sd4	53.	Tg4†	Kf7
39.	Dc3	Dg7	54.	Lg6†	Ke7
40.	Dd3	Se6	55.	Lb1	Ta3
41.	De3	Tg8	56.	h4	h5
42.	g3	Dd4 [l])	57.	Tg8	Sc5
43.	Ld3	De3:	58.	Tg7†	Ke6
44.	Te3:	Kg7	59.	f5†?	Kd6
45.	Te5	Td8	60.	Tg6	Ke5
46.	f4	h6	61.	g4	hg
47.	Kf2	Td6	62.	Tg4:	Th3
48.	Ke3 [m])	f6	63.	Tg2	d3!
49.	Th5	Td8	64.	Kc1	Th4:
50.	Th4	Th8	65.	Kd2	Th3
51.	c4?	d4†		Aufg.	

Erläuterungen.

l) Der Damentausch ist zwar nicht besonders günstig für Schwarz, kann aber nicht vermieden werden.

m) Besser wäre Kf3; von diesem Punkte an spielt Weiss das Endspiel ziemlich schwach.

Zweite Runde.

XXIII. Unregelmässige Eröffnung.

	L. Paulsen. Weiss.	W. Paulsen. Schwarz.			
1.	d4	d5	6.	0—0	0—0
2.	e3	e6	7.	Sc3	b6
3.	Sf3	Sf6	8.	Te1	Lb7
4.	c4	dc	9.	e4	Sbd7
5.	Lc4:	Le7	10.	Lb3	h6
			11.	Lc2	Te8 [a])
			12.	Dd3	Sf8

Erläuterungen.

a) Beide Brüder spielen die Partie mit gewohnter Vorsicht; der schwarze Paulsen vertheidigt sich gegen den energischen Angriff des weissen mit

13.	Ld2	a5	33.	e6	Te7[d])
14.	Tad1	Sg6	34.	Sc3	c6
15.	Lc1	La6	35.	Te4	g6
16.	Dd2	Sh5	36.	Le3	Sf5
17.	a3	Shf4	37.	Lb6:	Tb7
18.	g3	Sh5	38.	Sa4	c5
19.	e5	Lb7	39.	Td7	Tbb8
20.	De3	Tf8	40.	g4	hg
21.	Le4	Le4:	41.	hg	Sd6
22.	De4:	De8	42.	Te2	Sc4
23.	Dg4[b])	f5	43.	Lc7	Te8
24.	ef e. p.[c])	Sf6:	44.	e7	Lg7
25.	De6†	Df7	45.	Td8	Kf7
26.	Df7†	Tf7:	46.	Ta8:	Ta8:
27.	Se5	Se5:	47.	Ld8	Ke8
28.	de	Sg4	48.	Sc5:	Lb2:
29.	f4	Lc5†	49.	Se6	Tc8
30.	Kg2	h5	50.	Tb2:[e])	Sb2:
31.	Se4	Lf8	51.	Sg7†	Aufg.
32.	h3	Sh6			

Erläuterungen.

grosser Zähigkeit — es kämpft (wie jüngst in einer englischen Schachzeitung zu lesen stand) in dieser Partie „eine unwiderstehliche Angriffskraft gegen eine unbezwingliche Vertheidigung“; indessen muss letztere doch etwas schwächer sein — da sie unterliegt!

b) Schwarz verliert nun scheinbar einen Officier, aber die gewandte Vertheidigung rettet denselben und gestattet der gewaltigen Attaque, (mit Verlaub), nur soviel materiellen Vortheil, als zum Siege nöthig ist.

c) Auf Dh5 folgt Sh4; es ist eine nicht uninteressante Stellung!

d) Die unbesiegbare Vertheidigung hat nun eine recht schlechte Stellung.

e) Nun der starke Angreifer den unbezwinglichen Vertheidiger arg in die Enge getrieben hat, bringt er zum Schlusse noch ein elegantes Qualitätsopfer. Nach diesem Siege konnte der Führer der weissen Partei getrost der Zukunft in's Auge sehen.

XXIV. Spanische Partie.

	Stern. Weiss.	Hammacher. Schwarz.			
1.	e4	e5	18.	Sc2	Sf5
2.	Sf3	Sc6	19.	Se6:	Le6:
3.	Lb5	a6	20.	Lc5	Tad8
4.	La4	Sf6	21.	Tad1	Td5
5.	d3	Lc5	22.	Td5:	Ld5:[d]
6.	c3	d6[a]	23.	Sb4	f6
7.	d4	b5[b]	24.	Td1	Se7[e]
8.	Lb5:[c]	ab	25.	Le7:	Te7:
9.	dc	dc	26.	Sd5:	cd
10.	Dd8†	Sd8:	27.	Td5:	Tb7
11.	Se5:	Se4:	28.	Ke3	Kf7
12.	f3	Sd6	29.	Th5	b4
13.	Sd3	Se6	30.	Kd4	bc
14.	Le3	c4	31.	Kc3:	Ta7
15.	Sc5	0—0	32.	a3	Tb7
16.	Sa3	Te8	33.	Th4	Tb3†
17.	Kf2	c6	34.	Kc2	Te3
			35.	Te4	Aufg.

Erläuterungen.

a) Besser wäre sofort b5.

b) Wir würden ed nebst Lb4† vorgezogen haben.

c) Die Partie nimmt einen recht lebhaften Verlauf; Schwarz kommt jedoch in dem melée etwas in Nachtheil.

d) Schwarz hätte mit dem Bauern nehmen sollen, indessen würde der Anziehende dann durch 23. g4, Sh6 24. Sd4, Ld7 25. Td1 etc. wohl ebenfalls allmählich ein entscheidendes Uebergewicht erlangt haben.

e) Auf Td8 würde Sc6: geschehen.

XXV. Französische Partie.

	Anderssen. Weiss.	Metger. Schwarz.			
1.	e4	e6	2.	d4	d5
			3.	Sc3	Sf6
			4.	Lg5	Le7

5.	c5[a])	Sfd7	22.	Sf5	Lf5:
6.	Le7:	Dc7:	23.	Lf5:	Tc6
7.	Dd2	a6	24.	Tde1	g6
8.	Sd1	c5	25.	Lh3	Sac4
9.	c3	Sc6	26.	Tf2	f5?[e])
10.	f4	cd	27.	ef	Tcf6:
11.	cd	Db4[b])	28.	Te7	Sd6
12.	Db4:	Sb4:	29.	Le6†	Kh8
13.	Se3	Sb6	30.	Se5	Sf5
14.	Sf3	Ld7	31.	Lf5:	gf
15.	a3	Sc6	32.	Tb7:	Tc8
16.	Ld3	Tc8	33.	g4	f4
17.	0—0	0—0	34.	h4	Tc1†
18.	f5	ef[c])	35.	Kh2	Sc4
19.	Lf5:	Le6!	36.	g5	hg
20.	Tad1	h6	37.	hg	Tb6
21.	Lb1	Sa5[d])	38.	Tb6:	Sb6:

Erläuterungen.

a) Diesen Versuch, das schwarze Spiel einzuengen, halten wir in solcher Stellung für vollständig berechtigt; es ist ein wesentlicher Unterschied gegen die bekanntlich für Weiss nicht günstige Fortsetzung 3. e5, wie in Partie XVIII; hier können die weissen Bauern ohne Positionsnachtheil behauptet werden.

b) Schwarz lässt sich offenbar durch die starke Springerdrohung auf c2 zum Damentausch verleiten; derselbe ist aber, wie die Folge zeigt, mit Tempoverlust verknüpft; b5 nebst Sb6, Lb7 und 0—0 scheint uns der richtige Weg zur Entwickelung zu sein. Anderssen behandelt diese Partie wieder einmal mit seiner vollen Meisterschaft.

c) Weiss hat ein ausgezeichnetes Spiel; wir sehen keinen bessern Zug für Schwarz, der sehr beengt steht.

d) Statt dessen käme g6 in Betracht.

e) Ein sehr schwacher Zug! Schwarz sollte seinen Springer über a8 und c7 auf bessere Felder bringen, den Königsflügel aber unberührt lassen. Weiss erlangt nun einen entscheidenden Angriff, der mit Anderssen'scher Energie durchgeführt wird.

39.	Tf4:	Tc2†	42.	Tf8†	Kg7
40.	Kg3	Tb2:	43.	Tf7†	Aufg.
41.	g6	Sc4			

XXVI. Giuoco Piano.

	Schwarz. Weiss.	Wemmers. Schwarz.			
			9.	Se2	Lf3:
			10.	gf	g5 c)
1.	e4	e5	11.	Sg3	Dd7
2.	Sf3	Sc6	12.	Lb5 d)	Dh3
3.	Lc4	Lc5	13.	Tg1	0—0—0 e)
4.	0—0	Sf6	14.	Lc6	bc
5.	Sc3	d6	15.	a4	d5 f)
6.	d3	Lg4	16.	a5	Le3:
7.	Le3	Lb6 a)	17.	fe	de
8.	Kh1	h6 b)	18.	fe	De6 g)

Erläuterungen.

a) Wir haben bereits erwähnt, dass wir De7 (oder 0—0) vorziehen; Lb6 ist unter Umständen ein Tempoverlust; vergl. Partie XXXII.

b) Hier käme auch Se7 in Betracht.

c) Durch Sh5 nebst Dh4 scheint der Nachziehende ein vorzügliches Spiel zu erhalten, indessen, zöge er im nächsten Zuge, statt sofort Dd7 zu spielen, erst Se7, so wäre auch dann sein Spiel überlegen.

d) Weiss benutzt die Unterlassungssünde des Gegners unmittelbar; indem er den gefährlichen Springer fesselt, paralysirt er im Voraus den drohenden feindlichen Angriff.

e) Wir glauben nicht, dass Schwarz einen besseren Zug hat; vermuthlich wäre Kd7 ein Tempogewinn, dann aber hätte Weiss nicht nöthig, den Springer sofort abzutauschen; nutzlos wäre auch g4, wegen 14. Lb6:, ab 15. fg, Sg4: 16. Tg2 nebst gelegentlichem Sf5.

f) Dieser Zug ist ganz verfehlt, da er die Bauernstellung schwächt; Thg8 nebst Tde8 auf Sf5, oder auch Tdg8 nebst Kd7 auf Sf5 böte noch eine bedeutende Angriffschance.

g) Dieser Rückzug bezweckt jedenfalls die Deckung der verschiedenen schwachen Punkte (f6, f7, c6) der schwarzen Position; nutzlos wäre Sg4, worauf De2 nebst Sf5 das weisse Spiel günstiger stellen würde;

19.	Df3	Se8h)	38.	Kd3	Tb4
20.	Tgf1	Sd6	39.	Kc3	Tb5
21.	Sf5	Sf5:	40.	b4	g4
22.	Df5:	Thf8	41.	d5	Tb8
23.	Tf2	Df5:	42.	Tf5	Tg8
24.	Tf5:	f6	43.	Kc4	g3
25.	Taf1	Td6	44.	hg	Tg3:
26.	Te5:	fei)	45.	Te5†	Kf7
27.	Tf8‡	Kd7	46.	Te6	h5
28.	Tf7†	Kd8	47.	Tc6	h4
29.	Kg2	c5	48.	Tc7‡	Kf6
30.	Tf5	Te6	49.	Tc6†	Kg7
31.	Kf3	Ke7	50.	Kd4	Tb3
32.	c3	a6	51.	Ke5	h3
33.	d4	cd	52.	Tc7†	Kg6
34.	ed	ed	53.	Tc2	Tb4:
35.	cd	Tc6	54.	d6	Kf7
36.	Ke3	Tc2	55.	Tc7†	Ke8
37.	Tf2	Tc4	56.	Th7 und gewann.	

Erläuterungen.

auch g4 geht nicht, wegen 16. Df1, Dh4 20. Df5† nebst Taf1; mit dem schönen Angriff ist's nun vorbei!

h) Schwarz mag sich drehen und wenden, wie er will — er verliert mindestens einen Bauer.

i) Auf Kd7 würde Tef5 nebst e5 folgen.

XXVII. Spanische Partie.

	Fritz.	Minckwitz.			
	Weiss.	Schwarz.	5.	d3	d6
1.	e4	e5	6.	Lc6‡	bc
2.	Sf3	Sc6	7.	h3	g6
3.	Lb5	a6	8.	Le3a)	Lg7

Erläuterungen.

a) Man pflegte früher meist den Läufer erst nach g5 und auf h6 dann nach e3 zu spielen; wir halten sofort Le3 für besser.

9.	Dd2	0—0	23.	ed	Ld5:
10.	Sc3	Le6	24.	Sd5:	Dd5:
11.	Se2	c5	25.	Se3	De6
12.	b3 b)	a5	26.	Db2	Tfa8
13.	Lh6	a4 c)	27.	Sc4	Ta6
14.	ba	Ta4:	28.	Thb1	Kg8? f)
15.	Lg7:	Kg7:	29.	f3	Sf6
16.	c4	Sd7 d)	30.	Kf2 g)	Sd5
17.	g4	c6	31.	Kg3	f6
18.	Sc3	Ta3	32.	a3	Sf4
19.	Ke2	Da8	33.	Dc2	Td8 h)
20.	Sh4	d5	34.	Tb3	Dd5
21.	cd	cd	35.	Se3	Dc6
22.	Sf5† e)	Kh8?	36.	Tab1	h5

Erläuterungen.

b) Es drohte c4!

c) Schwarz will sich einen Angriffspunkt auf den feindlichen a-Bauer verschaffen, Weiss hingegen geht auf diese Absicht ein, um einen Freibauer zu erhalten.

d) Besser wäre Sg8, damit derselbe, ohne dem Läufer hinderlich zu sein, über e7 nach c6—d4 oder b4 gelangen kann. Schwarz beabsichtigt aber einen Durchbruch im Centrum, wofür ebenfalls gute Gründe geltend gemacht werden können.

e) Dieses Schach ist elegant, doch würde Schwarz, wenn er den Springer nähme, in Vortheil kommen, z. B. 22 . . . ., gf 23. gf (falls ef, so d4 24. fe, fe 25. Se4, c4! und kommt in Vortheil), de 24. Thg1†, Kh8 25. fe, ed‡, 26. Dd3:, fe und steht besser, oder 25. Dh6, ed† 26. Kd2, Tg8 27. fe, fe 28. De6:, Ta7 und steht besser.

f) Besser wäre f6; die Stellungen sind nun ziemlich ausgeglichen und ohne den entscheidenden Fehlzug 38. Tb7 würde Weiss die Partie nicht verlieren können.

g) Den e-Bauer darf Schwarz, wie leicht ersichtlich, weder mit der Dame, noch mit dem Springer schlagen; auf De5: folgt De5: 31. Se5:, Te6 32. f4, Sd5 33. Kf3, g5 34. Tb7, f6 35. Sc4, Sf4: mit überlegenem Spiel.

h) Hier käme Dc6 nebst h5 in Betracht.

37.	Dc4†	Kh8	47.	g5?[m])	Ta2†
38.	Tb7?[i])	h4†	48.	Ke1	Ta8
39.	Kf2	Sd3†	49.	Sg4	fg
40.	Ke2	Sf4†	50.	Kf2	Tf8
41.	Kf2	Sh3†	51.	Se5:	De6
42.	Ke2	Sf4†	52.	Sd7	Te8
43.	Kf2	Td2†	53.	Sb8	De2†
44.	Ke1	Te2†	54.	Kg1	De3†
45.	De2:[k])	Se2:	55.	Kg2	Dd2†
46.	Ke2:	Ta3:[l])		Aufg.	

Erläuterungen.

i) Besser als dieser Thurmzug wäre Tb8; auch h4 würde das weisse Spiel sicherstellen.

k) Auf Kd1 entscheidet Df3:, da Tb8† nebst Dg8† nicht zum Ziele führt. wegen Kh7—h6—g5.

l) Hierdurch gestattet Schwarz dem Gegner ein Remis; der richtige Zug war Th8.

m) Weiss konnte hier durch Tb8† nebst T8b7† remis halten, da der schwarze König nicht nach h6 ausweichen darf, wegen g5† etc.

Dritte Runde.

XXVIII. Sicilianische Partie.

	L. Paulsen. Weiss.	Anderssen. Schwarz.			
1.	e4	c5	2.	b3[a])	e6
			3.	Sf3	Sc6
			4.	Lb2	a6[b])

Erläuterungen.

a) Das Handbuch sagt: „Diese Spielart wurde von Kieseritzky gegen Anderssen im Londoner Turnier 1851 angewendet, ist aber nicht vortheilhaft.“ Dass dieselbe gerade „vortheilhaft“ sei, möchten auch wir nicht behaupten, dagegen halten wir sie für ebenso gut, wie die übrigen Fortsetzungen, mit Ausnahme höchstens von Sc3, Sf3 etc.

b) Dieser Zug scheint uns jetzt überflüssig zu sein.

5.	Le2	Sf6	17.	d4	b6
6.	e5 c)	Sd5	18.	Dd3	g6
7.	Sc3	Sc3:	19.	Tad1 f)	Td7
8.	Lc3:	Le7	20.	De3	Tdd8
9.	0—0	f6	21.	Lf3 g)	cd
10.	Ld3 d)	0—0	22.	Dd4:	b5
11.	Te1	De8!	23.	Db6!	Dg7
12.	Le4	Se5:	24.	Lg4 h)	Df6
13.	Se5:	fe	25.	Td3	h5
14.	Le5:	d6	26.	Lf3	e5 i)
15.	Lg3	Df7	27.	h4!	Kh8
16.	c3	Ta7 e)	28.	Td5	Kh7 k)

Erläuterungen.

c) Weiss will den Damenbauer zurückhalten, woran er jedenfalls Recht thut; Schwarz aber schafft sich den vorgerückten Bauer später trefflich vom Halse.

d) Paulsen hat seine Läufer auf originelle Weise postirt und ein sehr gut entwickeltes Spiel; man sieht also, dass es nicht immer nothwendig ist, den Damenbauer gleich anfangs zu ziehen!

e) Der Altmeister entwickelt sich auf eine höchst eigenthümliche Weise, die wir zwar nicht tadeln, denn sie ist immerhin voll Feinheit, aber auch nicht loben können, weil es uns scheint, als sei die folgende Fortsetzung, obgleich auch bei dieser ein Bauer rückständig bleibt, gesünder: 16 . . . ., d5 17. Lf3, Ld7 18. d4, Tae8.

f) Auf d5 könnte e5 nebst eventuellem späteren g5 folgen.

g) Nun hat Paulsen seine Läufer wieder nebeneinander gebracht; die Partie ist höchst interessant.

h) Nimmt Weiss auf d6, so steht das Spiel nach 24. Ld6:, Ld6: 25. Td6:, Td6: 26. Dd6:, Dc3: auf Remis.

i) Der Zug h4 nöthigt zwar den Weissen auf d6 zu schlagen, dies ist aber der weit vorgerückten schwarzen Königsbauern halber jetzt ungünstig für den Nachziehenden.

k) Weiss hat seinen Positionsvortheil consequent behauptet, und Anderssen kommt nun bald in Zug-Verlegenheit. Zunächst drohte Te5: nebst Le5: etc.

29.	Ted1	Tfe8	50.	Tc2	Lf5
30.	T5d3	Tf8	51.	Tc6	Dg7
31.	Dc7	Td7	52.	Dd3	Df7
32.	Dc6	Tfd8	53.	a6	Le4:
33.	Db6	Tf8	54.	De4:	Df5
34.	c4!	bc	55.	De2	Tf7
35.	bc	Tdd8	56.	Td6	Dc8
36.	Te3	Tf7	57.	De4	Df5
37.	a4	Td7	58.	De2	Kg7
38.	Lc6	Ld8	59.	Td5	Db1†
39.	Db4	a5	60.	Kh2	Kh7
40.	Db5	Tde7	61.	Tb5[m])	Da1
41.	c5!	Lc7	62.	Tb7	Tg7
42.	cd	Ld6:	63.	Db5	Kh6
43.	Da5:	Lg4	64.	De8	Kh7
44.	Td2	Lc7	65.	Tb8	Kh6
45.	Db5	Tf8	66.	Dh8†	Th7
46.	Lc4	Tc8[l])	67.	Df8†	Tg7
47.	Tc3	Lb6	68.	Tb7	e4
48.	Tc8:	Lc8:	69.	Dh8† nebst Mat im nächsten Zuge.	
49.	a5	Ld4			

Erläuterungen.

[l]) Auf sofort Lb6 würde ebenfalls Tc3 geschehen. Paulsen führt die Partie mit musterhafter Beharrlichkeit zu Ende.

[m]) Es folgen nun rasch entscheidende Schläge.

XXIX. Französische Partie.

	Stern.	Metger.			
	Weiss.	Schwarz.			
1.	e4	e6	3.	ed	ed
2.	d4	d5	4.	Ld3	Ld6
			5.	Le3[a])	Sf6
			6.	Sf3	0—0

Erläuterungen.

[a]) Der Läufer geht unter Umständen besser nach g5, daher würden wir zunächst Sf3 nebst 0—0 vorziehen.

7.	0—0	Lg4	27.	gf	gf
8.	Kh1	Dd7	28.	Lf4:	Td4:
9.	Sbd2	Sc6	29.	Lh6	Tf3
10.	c3	Se7	30.	Kg2	Lh5
11.	Dc2	Sg6	31.	Tad1	Td5
12.	Lg6:	fg	32.	e6	Tf1:
13.	Se5	Df5	33.	Tf1:	Lf3†
14.	Df5:	gf	34.	Kf2	Td1
15.	f4	Le2 b)	35.	Te1	Te1:
16.	Tfe1	Lg4	36.	Ke1:	Lg2
17.	b3	c6	37.	Kf2	Lh3: e)
18.	h3	Lh5	38.	Ke3	Le6:
19.	a4	a5	39.	Ke4:	Lb3:
20.	c4	Tad8	40.	Ld2	La4:
21.	Teb1	Le8	41.	La5:	Kf7
22.	c5 c)	Le5:	42.	Kf5	Lc2†
23.	fe	Se4	43.	Kg5	Ld3
24.	Se4:	de	44.	Kh6	
25.	g3	g5 d)		Remis.	
26.	Tf1	f4			

Erläuterungen.

b) Dieser Zug ist nutzlos und mit einem, allerdings nicht nachtheiligen Tempoverlust verknüpft.

c) Das Vorrücken des Bauern ist nur scheinbar gut; das Spiel steht jetzt schon auf Remis.

d) Der hiermit eingeleitete Durchbruch im Centrum ist vortrefflich und beseitigt die auf dem Damenflügel mittelst b4 drohenden Eventualitäten.

e) Der schwarze Läufer entwickelt nun einen erstaunlichen Appetit; nachdem es aber nichts mehr zu verzehren giebt, bekommt derselbe Zeit, sich wieder auszulaufen.

XXX. Vierspringerspiel.

	W. Paulsen.	Fritz.			
	Weiss.	Schwarz.	2.	Sf3	Sf6
			3.	Sc3	Sc6
1.	e4	e5	4.	Lb5	Lc5

5.	0—0 a)	d6	16.	Tae1	Tfe8
6.	d4	ed	17.	Sd1	Te7
7.	Sd4:	Ld7	18.	Dc3	Tae8 e)
8.	Sf5	0—0	19.	Te5	Ld6
9.	Lg5	Sc5 b)	20.	Te7:	Dc7:
10.	Ld3 c)	c6	21.	h3 f)	De2
11.	Kh1	h6	22.	Kg1	Lc7
12.	Lf6: d)	Df6:	23.	b4	Lb6 †
13.	f4	Sd3:	24.	Sf2	Tc3
14.	Dd3:	Lf5:	25.	Db2	Tg3
15.	ef	d5		Aufg. g)	

Erläuterungen.

a) Für stärker halten wir Sc5:

b) Auch a6 scheint zu gehen: man vergl. die Partie Zukertort's, Nr. XVI., sowie die Partie Nr. XLII. Hammacher — Minckwitz.

c) Ld7: scheint empfehlenswerther zu sein; es konnte u. A. folgen: 10 . . . ., Sed7: 11. Df3, De8 12. Tae1, Sc5 13. Dg3, Sh5 14. Dh4, f6 15. Le3, Le3: 16. Te3:, g5 17. Dh3, Sf4 18. Dh6, Df7 19. Sd5, Sd5: 20. ed, Tae8 (falls Sg4, so 21. Te7, Sh6: 22. Sh6†, Kg7 23. Sf7:, Tf7: 24. Tfe1 etc:) 21. f4, Sg4 22. Tg3, Sh6: 23. Sh6†, Kg7 24. Sf7:, Tf7: 25. fg und gew.

d) Der Läufer ginge besser nach h4 zurück, auf Sg6 dann Lg3; Schwarz erhält nun das bessere Spiel.

e) Sehr gut gespielt!

f) Auch andere Züge, z. B. Dd3 können den Weissen nicht mehr vor Verlust bewahren.

g) Es droht Df3 und De4, was nur mit Damenverlust verhindert werden kann.

XXXI. Vierspringerspiel.

	Hammacher.	Wemmers.			
	Weiss.	Schwarz.	4.	Lb5	Lc5
			5.	d3	d6
1.	e4	e5	6.	Lg5	a6
2.	Sf3	Sc6	7.	Lf6: a)	Df6:
3.	Sc3	Sf6	8.	Lc6 †	bc

Erläuterungen.

a) Dieser Abtausch befördert nur die Entwickelung des Nachziehenden.

9.	h3	Tb8	18.	Sh4	Tf4
10.	Sa4 b)	La7	19.	f3	Th4
11.	Dd2 c)	0—0	20.	gh	Th3
12.	b3	Dg6	21.	0—0—0	Le3†
13.	Dg5 d)	Dg5:	22.	Kb1	Tf8
14.	Sg5:	f5!	23.	Tb2	Thf3:
15.	Tf1 e)	h6	24.	Tf3	Tf3
16.	Sf3	fe		und Schwarz gewann.	
17.	de	Lh3:			

Erläuterungen.

b) Hierzu ist Weiss genöthigt, da b3 und Dc1 schwach ist und auf Tb1 Schwarz Dg6 spielt, um die Rochade zu verhindern.

c) Statt dessen sollte Weiss rochiren.

d) Unter solchen Umständen wohl das Beste, was Weiss thun kann.

e) Besser wäre sofort Sf3, falls dann fe, so 16. de, d5 17. Sc3!, de 18. Se4:, Lf5 19. Sfd2 etc.

XXXII. Giuoco piano.

	Schwarz.	Minckwitz.			
	Weiss.	Schwarz.			
1.	e4	e5	6.	d3	Lg4
2.	Sf3	Sc6	7.	Le3	0—0 a)
3.	Lc4	Lc5	8.	Se2	Sh5
4.	0—0	Sf6	9.	Sg3	Sg3:
5.	Sc3	d6	10.	hg	Sa5
			11.	Lc5:	dc
			12.	De1	Sc4:

Erläuterungen.

a) Wir halten die Rochade an dieser Stelle für eine ganz gute Fortsetzung und das Nichtzurückziehen des Läufers für einen Tempogewinn. Der Doppelbauer auf c5 ist dem Nachziehenden eher dienlich, als nachtheilig, da er den feindlichen Damenbauer zurückhält; freilich ist unter Umständen der Königsbauer schwach, derselbe wird aber bei correcter Fortsetzung entweder durch f6 gedeckt, oder gegen den gegnerischen f-Bauer abgetauscht werden können.

13.	dc	Lf3:	29.	Th6!	a5
14.	gf	Dd4 b)	30.	Th1	Tg7
15.	b3	Db2	31.	f4	ef†
16.	De3	b6	32.	gf	gf†
17.	De2	Tad8	33.	Kf4:	Ke7
18.	a4	Td4	34.	Th6	Kf7
19.	Tad1	Tfd8	35.	e5	fe†
20.	Td4:	Dd4: c)	36.	Ke5:	Tg5†
21.	Te1	Dd2	37.	Kf4	Tg7
22.	Kf1	f6 d)	38.	Kf5	Kg8
23.	Dd2:	Td2:	39.	Ke5	Te7†
24.	Tc1	Kf7	40.	Te6	Te6†
25.	Ke1	Td6? e)	41.	Ke6:	Kg7
26.	Ke2	Ke6	42.	f4	h5
27.	Ke3	g5 f)	43.	Ke7	
28.	Th1	Td7		Remis.	

Erläuterungen.

b) Man vergl. die vorhergehende Bemerkung; Schwarz hat nun einen, zum Gewinn allerdings nicht ausreichenden Angriff erlangt und wird das ersparte Tempo bei fehlerfreier Fortsetzung bis zum Schlusse sich erhalten können.

c) Nähme Schwarz cd, so würde Dd3 folgen und die schw. Dame ziemlich abgesperrt stehen.

d) Auf den scheinbar sehr starken Zug Dh6 hat Weiss zwei genügende Paraden, nämlich 23. Kg2, Td2 24. Td1! und 23. De3, Dh3† 24. Ke2! (nicht Kg1, wegen Td8—d6—h6), Dd7 27. Dd3 oder Kf1 etc.

e) Das Spiel steht auf Remis. Der Thurm sollte aber noch einen oder zwei Schritte weiter, auf d7 oder d8 gehen, oder zunächst auf d4 sich stellen; durch Td6 büsst Schwarz das gewonnene Tempo wieder ein, welches ihm bei gehöriger Ausnutzung vielleicht doch noch Vortheil gebracht hätte.

f) Die schwarzen Bauern stehen etwas besser; es sollte daher nur h6 geschehen.

Vierte Runde.

XXXIII. Vierspringerspiel.

	L. Paulsen. Weiss.	Hammacher. Schwarz.
1.	e4	e5
2.	Sf3	Sc6
3.	Sc3	Sf6
4.	Lb5	Lc5
5.	0—0 a)	d6
6.	d4	ed
7.	Sd4:	Ld7
8.	Sf5	Lf5: b)
9.	ef	Dd7 c)
10.	Te1†	Kf8
11.	Ld3	Te8
12.	Lg5	Te1†
13.	De1:	Se5
14.	Le4 d)	Se4:
15.	De4:	f6
16.	Lh4 e)	c6
17.	Sa4	Lb6
18.	Sb6:	ab
19.	f4	Sg4 f)
20.	Te1	Kf7

Erläuterungen.

a) Hinsichtlich der Eröffnung vergleiche man die Anmerkungen zu den vorhergehenden Spielen dieser Art.

b) Dieser Abtausch ist verfrüht; Schwarz sollte zunächst rochiren.

c) Das Aufgeben der Rochade scheint jetzt das Beste zu sein; nach derselben könnte folgen: 9. . . . , 0—0 10. Lg5, Se5 11. Se4, c6 12. Le2 (falls 12. Ld3, so Sed7, falls 12. La4, so ebenfalls Sd7 12. Sd6:, Ld6: 14. Dd6:, Da5! nebst Df5: und steht gut), Sed7 13. Sd6:, Ld6: 14. Dd6:, Se4! (Te8 15. Lf6:, Df6: 16. Df6:, Sf6: 17. Ld3) 15. Ld8:, Sd6: 16. Tad1 (oder auch 16. Le7, Tfe8 17. Ld6:, Te2: 18. Tac1, Tae8). Tad8: (falls Sf5:, so 17. Td7:, Tfd8: 18. Tb7:) 17. Td6:, Sf6 18. Tfd1, Tde8 19. Ld3 und Weiss behält bei gutem Spiel einen Bauern mehr. Hammacher setzt nun die Partie ganz vortrefflich fort, und es glückt ihm, in Sicherheit zu gelangen, später bringt er ein unnöthiges Opfer und — verliert.

d) Auf Lg5: würde nach Sd3: 15. cd, gf 16. De4, c6 das Spiel sich ausgleichen.

e) Der Läufer ginge wohl besser nach d2 zurück.

f) Hier käme Sf7 in Betracht, Schwarz will sich aber dieses Feld für den König reserviren; auf Sf7 könnte folgen: 20 Te1, d5 21. De2 (falls De6, so De6: 22. fe, Sd6 nebst Se4) 22. g4, Se4 23. Lf2, Dc7 24. Le3, h5 25. g5 oder h3, worauf uns die schwarze Position nicht missfällt.

21.	De2 g)	h5? h)	38.	Ld8	Kd5
22.	h3	Df5: i)	39.	Kd2	g6 l)
23.	hg	hg	40.	Lb6	c5
24.	Lg3	Dd7	41.	a3	Kc6
25.	Dd3	f5	42.	Ld8	Kb5
26.	Db3†	d5	43.	b3	b6
27.	Db6:	Ta8	44.	a4†.	Kc6
28.	Lh4	Te8	45.	a5	ba
29.	Te8:	Ke8:	46.	La5:	Kb5
30.	Da5 k)	Kf7	47.	Ld8	Kb4
31.	Dd8	De6	48.	Le7	Kb5
32.	Dc7†	Kg6	49.	c3	e3†
33.	Dc7	De4	50.	Kd3	e2
34.	De4:	fe	51.	Ke2:	dc
35.	Kf2	d4	52.	Kd3	Kb4
36.	Ke2	Kf5	53.	Kc2	Kb5
37.	g3	Ke6	54.	Kc3:	Aufg.

Erläuterungen.

g) Weiss will offenbar dem Abtausch drohenden Thurmzug e8 aus dem Wege gehen.

h) Wir sehen nicht ein, wesshalb Schwarz nicht den f-Bauer jetzt nimmt und statt dessen ein gänzlich fruchtloses Opfer bringt! Auf Df5: könnte höchstens folgen: 22. h3, Sh6 23 De7†, Kg6 und weder Te3 (Tg8, Df4:), noch Dd6: (Sf7) noch andere Züge genügen, um den Anziehenden einen Vortheil zu verschaffen. Vermuthlich hat Hammacher gemeint, sein König stehe auf g6 gefährdet.

i) Nun ist Schwarz freilich zu dem Opfer genöthigt, denn auf Sh6 folgt Dh5‡ etc.

k) Die nächsten Damenzüge des Weissen sind spasshaft genug.

l) Schwarz müht sich vergeblich ab, noch ein Remis zu erzielen.

XXXIV. Französische Partie.

	Stern.	Schwarz.			
	Weiss.	Schwarz.			
1.	e4	e6[a]	15.	Dg3	f4
2.	d4	d5	16.	Dh2	Lf5
3.	ed	ed	17.	Lf5:	Sf5:
4.	Ld3	Sf6	18.	g3?[c]	Tae8
5.	Lf4	Sc6	19.	Tae1	fg
6.	Se2	Ld6	20.	fg	Te3
7.	Ld6:[b]	Dd6:	21.	Df2	Td3
8.	c3	0—0	22.	Sf3	Se3
9.	0—0	Sg4	23.	Sc1	Sf1:
10.	Sg3	f5	24.	Sd3:	Sg3:
11.	Df3	Se7	25.	Dg2	Sf4
12.	h3	Sh6	26.	Sf4:	Df4:
13.	Sd2	Sg6	27.	Se5	Se4
14.	Se2	c6	28.	Tf1	Df1†
			29.	Df1:	Tf1†
			30.	Kf1:	g5

Erläuterungen.

a) Der Führer der schwarzen Steine pflegt im Anzug Italiänisch, im Nachzug Französisch zu spielen, gewiss für einen Turnier- und Match- Spieler eine, wenn nicht kluge, so doch vorsichtige Kampfesart, bei der jedoch viele Remisen entspringen können, wie auch der Wettkampf Schwarz — Minckwitz zeigt. Die Maxime, von vorn herein auf Remis zu spielen und nur, wenn sich Gelegenheit bietet, d. h. wenn der Gegner sich eine Blösse giebt, die Partie einzuheimsen, wird aber in der Regel trockene und nicht besonders interessante Partieen zur Folge haben, denn es ist alsdann für die Gegenpartei sehr schwer, Verwickelungen irgend welcher Art herbeizuführen, ohne die erwähnte Gefahr zu laufen.

b) Hier käme Dd2 in Betracht; der Abtausch ist mit Tempoverlust verknüpft, und Schwarz erlangt den Angriff, den er kräftig führt.

c) Dieser Zug ist sehr risquant; am Besten scheint Sf3, Tae8 19. Tae1, Te4 20. Sc1 nebst Sd3 zu sein. Die Partie ist ziemlich verwickelt geworden (man vergl. die a) Anmerkung), aber Weiss verliert einen Bauer!

31.	Kg2	Kg7	44.	Sd3	Kg5
32.	Kf3	h5	45.	Se5	Sf5†
33.	Ke3	Sd6	46.	Kf2	Kf4
34.	Kf3	Kf6	47.	Sd3†	Kg5
35.	Ke2	Kf5	48.	Se5	Kh4
36.	Kf3	Sc4	49.	Kg2	Se3†
37.	Sd3	Sd2†	50.	Kh2	g3†
38.	Ke2	Sc4	51.	Kg1	Kh3
39.	Kf3	g4†	52.	Sd3	Sg2
40.	hg	hg†	53.	b3	Sh4
41.	Kg2	Sd6	54.	Se5	g2
42.	Kg3	Ke4	55.	a4	Kg3
43.	Sc5†	Kf5		Aufg.	

XXXV. Spanische Partie.

	Wemmers.	W. Paulsen.			
	Weiss.	Schwarz.			
			11.	Sd1	Sb3:
			12.	ab	Le6 b)
1.	e4	e5	13.	Sg5	h6
2.	Sf3	Sc6	14.	Se6:	fe
3.	Lb5	a6	15.	f4	ef
4.	La4	Sf6	16.	Tf4:	e5
5.	0—0	Lc7	17.	Tf5	Dd7
6.	Sc3	b5	18.	Se3	Kh7
7.	Lb3	d6	19.	Tf3	d5 c)
8.	d3	0—0 a)	20.	ed	Sd5:
9.	Ld2	Sa5	21.	Tf8:	Tf8: d)
10.	De2	c6	22.	Sd5:	Dd5:

Erläuterungen.

a) Hier sollte Lg4 geschehen.

b) Der Läufer ginge wohl besser nach b7; auch könnte er auf c8 bleiben und Ta7 geschehen.

c) Statt durch dieses Vorgehen die Bauern zu vereinzeln, sollte Schwarz das Feld f5 durch g6 sperren und so gleichzeitig dem Springer einen Stützpunkt für f6—h5—f4 verschaffen.

d) Bei Lf8: würde der e-Bauer verloren gehen.

23.	Le3	Tf6	38.	Ke3	Kg6
24.	Ta6:	Lc5	39.	d5!	cd
25.	Ta1	e4	40.	Kd4	Kf6
26.	Td1	Te6	41.	Kd5:	Ke7
27.	d4	Lb6	42.	Ke5	Kd7
28.	c4	Dd7	43.	Kf5:	Kc6
29.	Dh5	Tg6	44.	Ke4:	Kc5:
30.	c5	Lc7	45.	Le3†	Kd6
31.	Tf1	De6	46.	Kf5	Ld8
32.	Df5	Df5:	47.	Lg5	Lb6
33.	Tf5:	Tf6	48.	Lf6	Lg1
34.	Tf6:	gf	49.	h3	Lh2
35.	g3	f5	50.	g4	hg
36.	Lf4	La5	51.	hg und Weiss gewann.	
37.	Kf2	h5			

XXXVI. Russisches Springerspiel.

	Anderssen. Weiss.	Fritz. Schwarz.			
1.	e4	e5	10.	gf	Sf6
2.	Sf3	Sf6	11.	Le3	Sb4
3.	Se5:	d6	12.	Le2	dc
4.	Sf3	Se4:	13.	Lc4:	c6
5.	d4	d5	14.	Kh1?[b])	Dd7
6.	Ld3	Le7	15.	Tg1	0—0—0[c])
7.	0—0	Sc6	16.	Lf7:	Ld6
8.	c4	Lg4	17.	Db3	Sfd5
9.	Sc3	Lf3:[a])	18.	Tg7:	Tdf8![d])
			19.	Sd5:	Sd5:
			20.	Le6	De6:

Erläuterungen.

[a]) Besser ist 9 . . ., Sf6.

[b]) Stärker ist 14. Db3, welcher Zug mindestens einen Bauer gewinnt.

[c]) Mit 15 . . . Tg8 kann Schwarz den Bauer behaupten, er opfert ihn aber in der Hoffnung, zum Angriff zu gelangen.

[d]) Es drohte L e6; die nun folgende hübsche Combination von Weiss führt bei richtiger Fortsetzung zum Siege.

21.	Db7†	Kd8	35.	h5	Kh8
22.	Lg5†	Le7!	36.	Df6†	Tgg7
23.	Tc1!	Thg8![e])	37.	d5	Te1†
24.	Le7†	Se7:	38.	Kh2	Teg1
25.	Te7:	Dc7:	39.	Df8† [f])	Kh7
26.	Da8†	Kc7!	40.	Df5†	Kh8
27.	Tc6†	Kd7	41.	Dh3[g])	T1g5
28.	Db7†	Ke8	42.	f4	Tg4
29.	Tc8†	Kf7	43.	f5	Tf4
30.	Tc7	Te8	44.	f3	Td4
31.	Dd5†	Kf8	45.	f6[h])	Td2†
32.	Df5†	Kg7	46.	Kh1	Td1†
33.	Te7†	Te7:		Remis durch ewig Schach.	
34.	h4	h6			

Erläuterungen.

e) Schwarz hat nichts Besseres! Wenn 23. . . . Tf7? so 24. Tf7:, Df7: 25. Da8† etc. Wenn 23 . . . Lg5:? so 24 Db8†, Dc8 25. Dd6† und Weiss gewinnt.

f) 37. Dh6† wäre für Weiss empfehlenswerther, da wir nicht recht sehen, wie Schwarz die h-Linie zu Angriffen benutzen könnte.

g) Statt dessen sollte f4 geschehen, da Weiss nach T1g2† (oder Tg4, Kh3) 42. Kh3, Tf2: mit Dc4 pariren kann. Schwarz spielt den Schluss vortrefflich.

h) Einziger Zug um Damenverlust zu entgehen. Zieht Weiss z. B. 45. d6?, so folgt Td2† 46. Kh1, Td1† 47. Kh2, Tgg1 und die Dame ist verloren.

XXXVII. Vierspringerspiel.

	Metger. Weiss.	Minckwitz. Schwarz.			
1.	e4	e5	4.	Lb5	Sf6
2.	Sf3	Sc6	5.	0—0	Lc3:
3.	Sc3	Lb4	6.	bc	0—0
			7.	d3	d6
			8.	Lg5[a])	Se7

Erläuterungen.

a) Weiss thäte besser, vorher den Damenspringer zu schlagen.

9.	Sh4	Sg6	26.	Tf6:	Dc7 h)
10.	Sg6:	fg b)	27.	cd	Sf6:
11.	Lc4†	Kh8	28.	Lf6‡	Tf6:
12.	f4	De7	29.	Df6‡	Dg7
13.	f5? c)	gf	30.	Dg7‡	Kg7:
14.	ef	d5	31.	de	Kg6
15.	Lb3	Ld7	32.	Kg1	Te7
16.	Kh1	c6	33.	Kf2 i)	Kf5
17.	De1	Dd6? d)	34.	Ta1	Ke5:
18.	Dg3! e)	Tae8	35.	Ke3	Tc7
19.	Tae1	b5	36.	Kd3	Tg7
20.	a4	ba	37.	Te1†	Kd6
21.	La4:	c5	38.	Te2	a5
22.	Ld7:	Sd7:	39.	c3	a4
23.	d4!	Db8? f)	40.	Ta2	Kc5
24.	Dh4	cd? g)		Als remis abgebrochen.	
25.	f6!	gf			

Erläuterungen.

b) Es ist sehr fraglich, ob hg vorzuziehen wäre.

c) Weis sollte De2 spielen; das vorzeitige Avanciren des Bauern giebt dem Gegner eine Gelegenheit zur Erlangung des bessern Spieles.

d) Hier käme sofort Tae8 in Betracht.

e) Von diesem Punkte an spielt Weiss vortrefflich.

f) Viel stärker war Da6!, welcher Zug den Vortheil des überlegenen Spiels festhalten würde; der gewählte schwache Zug, statt dessen auch Dc7 geschehen konnte, gleicht das Spiel aus.

g) Auch dieser Zug ist schwach; es sollte wenigstens der Königsbauer nehmen.

h) Schwarz spielt noch immer auf Gewinn, er hätte aber den Thurm nehmen und nach Lf6‡ die Qualität wiedergeben sollen, worauf Weiss durch ewiges Schach remis halten kann. Der Damenzug c7 gestattet dem Weissen bei richtiger Fortsetzung Gewinnchancen.

i) Statt dessen käme Ta1 in Betracht, wodurch Weiss Aussicht auf Gewinn erhält; z. B. 33. Ta1, Kf5 34. Ta5, Ke4 (falls Ke5:, so c4 etc.) und Weiss hält vorläufig wenigstens seinen Bauern.

XXXVIII. Schottische Partie.

	L. Paulsen. Weiss.	Metger. Schwarz.
1.	e4	e5
2.	Sf3	Sc6
3.	d4	ed
4.	Sd4:	Lc5
5.	Le3	Df6
6.	c3	Sge7
7.	Lb5	Ld4:
8.	cd	d5
9.	Sc3	Le6
10.	0—0	0—0
11.	f3	Dg6
12.	Dd2	f5
13.	e5	Weiss gewann.*)

*) Diese Partie ist verloren gegangen und trotz aller Recherchen nicht wieder aufgefunden worden.

Herr L. Paulsen schrieb uns auf unsre Anfrage: „Die fragliche Partie, welche Vormittags im Palmengarten gespielt wurde. habe ich gleich nach Beendigung derselben Herrn Hammacher im Spiellocale überreicht. In Frankfurt habe ich die selbstgespielten Partieen nicht, wie ich sonst zu thun pflege. sogleich in mein Buch notirt und konnte dieselben nach meiner Krankheit, welche 3 Wochen dauerte, nicht mehr ganz aus dem Gedächtniss niederschreiben. Die ersten 13 Züge gebe ich Ihnen nachstehend. Gestern Abend (5. October) habe ich mich vergeblich bemüht. dieselben zu vervollständigen.“ Auch Herr Metger hat die Partie nicht mehr ergänzen können.

XXXIX. Fianchetto di Donna.

	Fritz. Weiss.	Stern. Schwarz.
1.	e4	b6
2.	d4	Lb7
3.	Ld3	e6
4.	Le3	Sf6
5.	Sd2	c5
6.	Se2	c4
7.	Sc4:	Se4:
8.	Lf4	d6
9.	f3	Sf6
10.	Sg3	Sc6
11.	c3	Sd5
12.	Ld2	Dh4 a)
13.	0—0	Sd4:??
14.	Se4	Sf4 b)
15.	Scd6+	Ld6:
16.	Sd6+	Ke7
17.	Lf4:	Df4:
18.	Sb7:	Sc6

Erläuterungen.

a) Dieser Zug soll die feindliche Rochade verhindern, hat aber den Verlust der eigenen zur Folge; besser wäre Le7.

b) Schwarz muss eine Figur verlieren.

19.	Le4	Tac8	29.	De7	Te8
20.	Da4! c)	Dc7	30.	Dh4	Da6
21.	Da3†	Kf6	31.	Sh3	h6
22.	Lc6:	Dc6:	32.	Sf4†	Kh7
23.	Sd6	Tcd8	33.	Dh5	Te7
24.	Se4†	Kg6	34.	Dg6†	Kh8
25.	Tad1	f5	35.	Dh5	Kg8
26.	Td6	Dc8	36.	Sg6	Td7
27.	Sf2	Td6:	37.	Se5	Td2
28.	Dd6:	Td8	38.	Df7† und Weiss gewann.	

Erläuterungen.

c) So rettet Weiss seinen Springer; Schwarz hätte besser gethan, den Königsthurm nach c8 zu spielen.

XL. Französische Partie.

	W. Paulsen.	Schwarz.			
	Weiss.	Schwarz.	10.	Sc3	Db6
1.	e4	e6	11.	Sa4	Dd8
2.	d4	d5	12.	Tc1	Le7
3.	e5	c5	13.	g4 c)	Sh4
4.	c3	Sc6	14.	Sh4:	Lh4:
5.	Sf3	Ld7 a)	15.	Sc5	Tb8
6.	Le2	Dc7 b)	16.	Tc3	0—0
7.	0—0	cd	17.	Th3	Le7 d)
8.	cd	Sge7	18.	Sd7:	Dd7:
9.	Lf4	Sf5	19.	g5	g6 e)
			20.	Le3	Tfc8

Erläuterungen.

a) Stärker ist Db6.

b) Die Dame gehört nach b6.

c) Von diesem Zuge an spielt Weiss eine Zeitlang ganz vorzüglich und er würde ohne das schliesslich folgende starke Versehen sicherlich den Sieg davongetragen haben.

d) Hier käme zunächst Lc8 (mit späterm b6) in Betracht.

e) Zu diesem Zuge ist Schwarz früher oder später genöthigt; er steht recht gedrückt.

21.	Ld3	Dd8	33.	Dg2	Se3:
22.	f4	Df8	34.	Te3:	Tbc8
23.	Dg4 f)	Sb4!	35.	f5	ef
24.	Lb1	Sc2	36.	Lf5:? h)	T8c7?
25.	Lf2	Sb4 g)	37.	Ld3	Tc1
26.	a3	Sc6	38.	Dd5:	Lg5
27.	Le3	h5!	39.	Tf3	Dh6:
28.	gh	Kh8	40.	Tc1:	Tc1‡
29.	Kh1	Ld8	41.	Kg2	Lf4
30.	Tg1	Se7	42.	Dd8†	Kh7
31.	Tf3	Sf5	43.	h4!	f5 i)
32.	Th3	Tc6	44.	De7†? k)	Kh8

Erläuterungen.

f) Hier übersicht Weiss den entscheidenden Zug Th6!, worauf nach Dg7 24. Tf3 nebst Tfh3 (mit späterm Dh5† und Läuferopfer auf g6, oder h2—h4!) und nach Dd8? 24. Th7:, Kh7: 25. Dh5†, Kg8 26. Lg6:, fg 27. Dg6‡, Kf8 28. f5! folgt: Schwarz scheint am Besten De8 zu thun, worauf Weiss jedoch ebenfalls nach 24. Tf3, Lf8 25. Th4, Lg7 (oder?) 26. Tfh3, h5 27. gh, Lf8 einen unwiderstehlichen Angriff hat. Schwarz kann sich nach Th6 gar nicht rühren, da die weisse Dame dann auch das Feld c2 noch beherrscht.

g) Viel besser war Tc4, worauf weder b3, noch Tc3 dem Anziehenden Vortheil bringt; der Springerzug aber gestattet demselben die Wiederaufnahme des erwähnten verderbendrohenden Angriffs.

h) Beide Theile übersehen hier komischer Weise, dass das Läuferopfer völlig incorrect ist, denn Schwarz könnte ruhig gf nehmen, da auf 37. Dg7†, Dg7: 38. hg‡, Kg8 39. Th3 einfach Tg6! geschehen kann!!

i) Schwarz steht sehr schlecht, da sowohl Df6!, als h4—h5, abgesehen von anderen Angriffen, droht: sein letzter Zug kann als Verzweiflungszug betrachtet werden, doch — wenn die Noth am grössten, ist Hülfe am nächsten, und zwar in Gestalt eines Bockes, der vom Gegner geschossen wird.

k) Auf ef en-passant war das Spiel in wenigen Zügen zu Gunsten Paulsen's entschieden; wie derselbe einen so nahe liegenden Zug übersehen und damit das erfolgreiche Resultat der Müh' und des Nachdenkens vieler

45.	Df6†	Kh7	58.	h5	La3:
46.	e6	Ld6	59.	Tf7†	Ke6
47.	e7? [l])	Dd2†	60.	Th7	Le7
48.	Tf2	Dd3:	61.	Ke4	a5
49.	Df7† [m])	Kh6	62.	Th6†	Kd7
50.	Dg6‡	Kg6:	63.	Kd5	a4
51.	e8D†	Kf6	64.	Th8	a3
52.	Dh8†	Ke7	65.	h6	Th2
53.	Dg7†	Ke8	66.	Kc4	Ld8
54.	Dg6†	Kd7	67.	Tg8	Th6:
55.	Df5‡	Df5:	68.	Tg3	Le7
56.	Tf5:	Tc2†		und Schwarz gewann.	
57.	Kf3	Tb2:			

Erläuterungen.

Stunden wegwerfen konnte, ist schwer begreiflich! Er hatte an das en passant Schlagen gar nicht gedacht!

l) Hiermit giebt Weiss nun auch noch das Remis aus der Hand.

m) Auf Dd6: entscheidet De4†, auf Df7†, Kh6 50. Df8† geht der König nach h5 und die schwarze Partei gewinnt.

XLI. Abgelehntes Evans-Gambit.

	Anderssen. Weiss.	Wemmers. Schwarz.			
1.	e4	e5	7.	0—0	d6
2.	Sf3	Sc6	8.	c3 [a])	Sf6
3.	Lc4	Lc5	9.	d3	0—0
4.	b4	Lb6	10.	Lg5	Le6
5.	a4	a6	11.	Sbd2	h6
6.	a5	La7	12.	Lh4	De7
			13.	Lg3 [b])	Sh7
			14.	Le6:	De6:

Erläuterungen.

a) Warum weicht Anderssen hier von der von ihm stark befürworteten Fortsetzung 8. b5, ab 9. Lb5: etc. ab?

b) Dieser Rückzug ist uns nicht recht klar; der Läufer stand auf h4 vorläufig noch ganz gut. Wir ziehen von diesem Punkte an das schwarze Spiel vor.

15.	Sc4	Se7	34.	hg	Dg6
16.	Se3	f5	35.	Te5	Db1†
17.	ef	Sf5:	36.	Kh2	Dc1
18.	Sf5:	Tf5:	37.	De3	De3:
19.	Te1	Taf8?c)	38.	Te3:	Kf7
20.	d4	e4	39.	g4	Td8
21.	Sd2	d5	40.	Kg3	g5
22.	f3	Sf6	41.	Kf2	Te8
23.	Db3!	c3	42.	Td3d)	Kf6
24.	Te2	Sh5	43.	g3	Te7
25.	Sf1	c6	44.	Te3	Te3:
26.	Te3:	Df6	45.	Ke3:	Kf7
27.	Tac1	Tg5	46.	f4	Kf6
28.	Dc2	Sg3:	47.	Kd3	Kf7
29.	Sg3:	Lb8	48.	c4	Ke6
30.	Te6	Df4	49.	f5†	Kf6
31.	Tg6	Dh4	50.	cd	cd
32.	Tg5:	Dg5:	51.	Kc3	Aufg.
33.	Df2	Lg3:			

Erläuterungen.

c) Schwarz steht ganz vortrefflich, aber sein 19. Zug ist nicht der beste; er sollte Df7 spielen; auch Te8 könnte geschehen. Anderssen gewinnt nun einen Bauer und erhält ein überlegenes Spiel. War dem Führer der schwarzen Partei die Zeit knapp geworden?

d) Weiss könnte die Thürme sofort tauschen; das Vorrücken des f-Bauern entscheidet.

XLII. Vierspringerspiel.

	Hammacher. Weiss.	Minckwitz. Schwarz.			
1.	e4	e5	3.	Sf3	Sf6
2.	Sc3	Sc6	4.	Lb5	Lc5
			5.	0—0a)	d6
			6.	d4	ed
			7.	Sd4:	Ld7

Erläuterungen.

a) Man vergleiche die Anmerkungen zu Partie XIV und einigen anderen vorhergehenden Vierspringerspielen.

8.	Sf5	0—0	21.	Tac1	Le3:[d])
9.	Lg5	a6[a])	22.	Te2[e])	Te7
10.	Ld3[b])	Lf5:	23.	Tfe1	Tge8
11.	ef	Se5	24.	Sf1	Lc5![f])
12.	Se4	Sed7	25.	Te7:	Te7:
13.	Kh1	d5[c])	26.	Te7:	Le7:
14.	Lf6:	gf	27.	Se3[g])	Sb6
15.	Sg3	Kh8	28.	De1	Df8
16.	f4	Tg8	29.	b3	Sc8
17.	Dh5	Df8	30.	Dc3	Sd6
18.	Dh4	Dg7	31.	Dd3	Dd8
19.	Le2	Tae8	32.	a4	Da5
20.	Lf3	c6	33.	h3[h])	De1†

Erläuterungen.

[b]) Wenn Herrn Hammacher die Partie XIV noch im Gedächtniss gewesen wäre, würde er dann den Kampf der Dame gegen drei kleine Figuren risquirt haben?

[c]) Schwarz giebt durch Aufhebung der Doppeldeckung seines Läufers dem Gegner Gelegenheit zur Aufreissung des Königsflügels, wodurch er einen schlimmen Doppelbauer erhält, aber den Druck des feindlichen Läufers aufhebt. Auf Lb6 würde c4, auf De7 14. Sf6†, Sf6: 15. Te1 folgen können. Hammacher spielt nun diese Partie bis zu einem gewissen Punkte ganz vortrefflich; ähnlich verhält es sich mit den meisten übrigen seiner Partieen in diesem Turnier, z. B. mit derjenigen gegen L. Paulsen, Schwarz und Anderssen, und wir bezweifeln in Folge dessen nicht im Geringsten, dass derselbe bei häufigerer Uebung im ernsten Spiel es zu einer ganz respektablen Spielstärke bringen würde.

[d]) Um hinter dem Läufer die Thürme verdoppeln zu können, da Weiss sonst noch mehr Terrain gewinnt.

[e]) Auf Sh5 geht die Dame nach h6.

[f]) Schwach wäre d4, wegen c3.

[g]) Weiss offerirte hier Remis, was nicht angenommen wurde.

[h]) Dieser Zug gestattet dem Gegner in das weisse Spiel einzudringen; De2 hätte geschehen sollen, worauf Schwarz wohl am Besten Lf8 spielt, um auf g4, Lh6 eventuell aber d4 zu thun.

34.	Kh2	Se4! i)	38.	Kh1	Ld6
35.	Le4:	de	39.	g3	Dg3:
36.	Dd4	Df2	40.	De8†	Kg7
37.	Dd7	Df4‡		Aufg.	

Erläuterungen.

i) Eine nicht uninteressante Schlusscombination; Weiss ist auf den Springerzug rettungslos, da nach Le4: der schwarze Läufer das Spiel auf c5 oder d6 entscheidet.

Sechste Runde.

XLIII. Fianchetto di Donna.

	Schwarz.	L. Paulsen.			
	Weiss.	Schwarz.	9.	Lg3	d5 d)
			10.	Sdb5	Sa6
1.	e4	b6	11.	ed	Sd5:
2.	d4	Lb7	12.	Se4	Sf4
3.	Ld3	Sf6	13.	Lf4:	gf
4.	Sc3	e6	14.	Df3	Sc5 e)
5.	Sf3 a)	c5 b)	15.	0—0—0	a6
6.	Lg5	cd	16.	Df4:	Sd3‡ f)
7.	Sd4:	h6	17.	Td3:	ab g)
8.	Lh4	g5 c)	18.	Td8‡	Td8:

Erläuterungen.

a) Weiss zieht die Entwickelung seiner Figuren der Behauptung der Centrumbauern durch f3 und c4 vor; wir glauben nicht, dass er daran übel thut.

b) Vorzuziehen wäre wohl d5 und später erst c5.

c) Dies treibt den Läufer nur auf ein besseres Feld; Le7 sollte geschehen.

d) Vorsichtiger wäre d6.

e) Weiss hat einen unwiderstehlichen Angriff.

f) Den Springer darf Schwarz, wie leicht ersichtlich, nicht nehmen; auf Db8! kann folgen 16. b4, Sd7 17. Sed6†, Ld6: 18. Sd6‡, Dd6: 19. Db7:, Tb8! 20. Da7: Db4: 21. Lb5, Db5: 22. Td7:, Dd7: 23. Db8‡, Dd8 24. Df4: und gewinnt.

g) Ein trauriger Nothbehelf!

19.	Sf6†	Ke7	25.	Kb1	Td8
20.	Dc7†	Kf6:	26.	De2	Lg5
21.	Dd8‡	Kg6	27.	c4	Lc4:
22.	Db6:	Ld5	28.	Dc2†	f5
23.	Db5:	Ld6	29.	Td8:	Ld8:
24.	Td1	Lf4†	30.	Dc4:	Aufg.

XLIV. Fianchetto di Donna.

	Wemmers. Weiss.	Stern. Schwarz.			
			17.	0—0	Sc7
			18.	de	De6:
1.	e4	b6	19.	Lf4	g5
2.	d4	Lb7	20.	Lg3	Dc4:d)
3.	d5	e6	21.	Lb3	Dg4
4.	c4	Sa6	22.	Tfe1	Sf6
5.	Sf3	d6	23.	h3	Dd7
6.	Sc3	Dd7a)	24.	Dd3	Sh5
7.	Ld3	g6	25.	Tad1	Sg3:
8.	Lc2	Lg7	26.	fg	Thf8
9.	Le3	Lc3:	27.	Sh2	Tfe8e)
10.	bc	c6	28.	Dg6	Dc6
11.	Dd4	f6b)	29.	Sf3	d5
12.	e5	c5c)	30.	Dc6:	Lc6:
13.	Dd1!	0—0—0	31.	Se5	Te6
14.	La4	Df7	32.	Lc2	Kb7
15.	ef	Df6:	33.	Lf5	Te7
16.	Dd2	h6	34.	Sg4	Te1‡

Erläuterungen.

a) Beide Theile spielen die Eröffnung ziemlich unregelmässig.

b) Die Stellung der schwarzen Bauern ist komisch genug.

c) Auf de oder fe geschieht Se5.

d) Schwarz sollte lieber den Königsspringer entwickeln; er gewinnt zwar einen Bauer, verschafft aber dem feindlichen Königsläufer dadurch eine grössere Wirksamkeit.

e) Jetzt könnte recht gut d5 geschehen.

35.	Te1:	Td6	42.	Le4†	Kb6
36.	Te7	b5	43.	h5	Se6
37.	Th7	d4	44.	Se5	Lc8
38.	Th6:	Th6:	45.	h6	Sf8
39.	Sh6:	dc	46.	g4	Lg4:
40.	h4	g4 f)	47.	Sg4:	Ka5
41.	Sg4:	Ld7	48.	Se5	Aufg.

Erläuterungen.

f) Durch dieses Versehen geht die Partie, die für Schwarz günstig stand, für diesen verloren; er übersah, dass nach Ld7 der Läufer mit Schach nach c4 geht und Weiss dadurch ein entscheidendes Tempo gewinnt.

XLV. Unregelmässige Eröffnung.

	W. Paulsen.	Hammacher.			
	Weiss.	Schwarz.			
1.	e3	f5	13.	dc	Lc6:
2.	c4	Sf6	14.	Ld6:	Te8
3.	Sc3	e5	15.	c5	Lg2:
4.	a3	a5 ? a)	16.	Kg2:	Lc7
5.	g3	Lc5	17.	Db3†	Kh8
6.	Lg2	c6	18.	Tad1	Dc8
7.	Sge2	0—0	19.	Sf4	Sc6
8.	d4	ed	20.	Sb5 d)	Ld8
9.	ed	Lb6 b)	21.	Tfe1	Se7
10.	d5	d6	22.	Kg1	Dc6
11.	0—0	Ld7 c)	23.	Sd4	Dd7
12.	Lf4	Le8	24.	Sf3	Dc8
			25.	Se5	a4

Weiss setzt in vier Zügen mat.

Erläuterungen.

a) Hammacher spielt diese ganze Partie in seinem schwächsten Style; nun er 3 . . . ., e5 gezogen hat, sollte er wenigstens consequent mit d6 fortfahren.

b) Der Läufer ginge besser nach e7 zurück.

c) Hierdurch geht ein Bauer verloren; auch wird die schwarze Position bald unhaltbar; besser war noch Lc7.

d) Die letzten Züge sind ziemlich spasshaft.

XLVI. Französisches Springerspiel.

	Metger. Weiss.	Fritz. Schwarz.			
1.	e4	e5	21.	Sf4	Te5
2.	Sf3	d6	22.	Sd3	T5e7
3.	d4	ed	23.	Sf4	Te5[d])
4.	Dd4:	Sc6	24.	Dd4	Kf8?[e])
5.	Lb5	Ld7	25.	Td2	d5
6.	Lc6:	Lc6:	26.	Sd3	T5e7
7.	Lg5	Sf6	27.	e5	Df3:
8.	Sc3	Le7	28.	Tf2	Dg3:
9.	0—0—0	0—0[a])	29.	Se2	Dh3
10.	The1	h6	30.	Sef4	Dg4
11.	Lh4	Sd7	31.	Tg2	Df5[f])
12.	Le7:	De7:	32.	Sg6†	fg
13.	g3	Df6	33.	Tf2	Sc4?[g])
14.	De3	Tfe8	34.	Tf5†	gf
15.	Sh4	Te6[b])	35.	b3	Sb6
16.	f3	Tae8	36.	Sf4	Kg8
17.	Sg2	Sb6	37.	e6	Ld7?[h])
18.	h4	a5?[c])	38.	Tg1	Lc8
19.	Sf4	Te5	39.	Sh5	c5
20.	Sd3	T5e7	40.	Tg7†	Kh8
			41.	Df6	Aufg.

Erläuterungen.

a) Die Partie verspricht interessant zu werden.

b) 15 . . . b5 (droht b4) wäre wohl besser.

c) Schwarz konnte hier mit 18 . . . d5. 19. Sf4, de! ef in Vortheil kommen.

d) Wie es scheint, wollen beide Spieler an Bedenkzeit gewinnen.

e) Zweckloser Zug! Schwarz bereitet d5 vor, und will zur grösseren Sicherheit noch Te8 decken.

f) Schwarz bietet die Dame gegen Springer und Thurm an.

g) Die knapp gewordene Bedenkfrist (28—40. Zug in 12 Minuten) erklärt diesen, sowie noch mehrere schwache Züge von Schwarz. Sd7 scheint ein besserer Zug zu sein.

h) Mit Sd7 konnte sich Schwarz noch lange halten, vielleicht sogar die Partie retten.

XLVII. Mittel-Gambit im Giuoco piano.

	Minckwitz. Weiss.	Anderssen. Schwarz.			
1.	e4	e5	20.	b4	Se6
2.	Sf3	Sc6	21.	g3!	Td1†
3.	Lc4	Lc5	22.	Sd1:	Dd7
4.	0—0	Sf6	23.	h4	c5
5.	d4	Ld4:	24.	Se3	Kb8
6.	Sd4:	Sd4:	25.	a3	Dc6
7.	f4	d6	26.	Kh2	Sg7
8.	fe	de	27.	Dd3	Se6
9.	Lg5	Le6	28.	b5	Dc7
10.	Sa3![a]	De7	29.	Dc4[c]	Dd6
11.	c3	Lc4:	30.	De2	Dd8
12.	Sc4:	Se6	31.	a4	b6
13.	Lf6:	gf	32.	Sc4	Dd7
14.	Da4†	c6	33.	Dc2	Sg7
15.	Se3	Tg8	34.	Se3	Kc8
16.	Kh1![b]	Sc5	35.	Kg2	Kd8
17.	Dc2	0—0—0	36.	Df2	Dd6
18.	Tad1	Td1:	37.	Sc4	De6
19.	Td1:	Td8	38.	Se3	Kd7
			39.	Dd2†	Ke8[d]
			40.	Sd5	Dd6

Erläuterungen.

a) Dieser Zug ist im „A. B. C. des Schachspiels" von Minckwitz angegeben; derselbe dürfte dem Anziehenden ein vorzügliches Spiel verschaffen und die stärkste Fortsetzung sein, es ist dabei zunächst nicht auf Wiedergewinn des Bauern, sondern auf Postirung des Springers auf d5 oder f5 (über e3), wo er ausgezeichnet steht, abgesehen. Weiss verfolgt in dieser Partie dieses Ziel mit möglichster Consequenz und hält in Folge dessen das schwarze Spiel bis zuletzt eingeschlossen.

b) Auf Sd5 folgt Dc5† 17. Kh1, 0—0—0 18. Sf6:, Tg6 und Schwarz erlangt den Angriff.

c) Stärker war sofort a4; die Dame sollte die d-Linie vorläufig noch behaupten.

d) Besser wäre Dd6!

41.	Dh6	Se6	43.	Sd5??[f])	Sf4†
42.	Sf6†[e])	Kd8		Aufg.	

Erläuterungen.

[e]) Viel stärker wäre Df6:, worauf Weiss bei sehr starkem Spiel mindestens noch einen Bauer gewinnt, oder gar in die feindliche Stellung eindringt; z. B. Df6:, c4 (Dame, Springer und König können ohne unmittelbaren Verlust nicht ziehen) 43. Kf1, Zugzwang, und Weiss gewinnt.

[f]) Ein bedauerliches Versehen! Weiss hat bei Sg4 noch immer gewonnenes Spiel.

Siebente Runde.

XLVIII. Sicilianische Partie.

	Fritz. Weiss.	L. Paulsen. Schwarz.			
1.	e4	c5	11.	Se4:	Sd5
2.	Sf3	e6	12.	Lc5	Kh8?[b])
3.	d4	cd	13.	Lc4!	Lc5:
4.	Sd4:	Sf6	14.	Sc5:	Sce7
5.	Ld3	Sc6	15.	Db3	b6[c])
6.	Le3	d5	16.	0—0—0	Le6
7.	Sd2	e5	17.	Se6:	fe
8.	Se2	Le7[a])	18.	Thf1	Dc7
9.	c3	0—0	19.	Ld3?[d])	Tad8
10.	h3	de	20.	Dc2	h6
			21.	g4	Dc5
			22.	Sg3?[e])	Sf4

Erläuterungen.

[a]) Nicht 8. . . .., d4; es könnte folgen 9. Lg5, Le7 10. f4!

[b]) Auf diesen Zug kommt Weiss in bedeutenden Positionsvortheil.

[c]) S. vorhergehende Anmerkung. Schwarz darf nicht 15 . . . . Db6 ziehen, wegen 16. Ld5:, Dc5: 17. Lf7:

[d]) Durch diesen schwachen Zug verdirbt sich Weiss seine schöne Position; 19. Sg3 war am Platz, folgt darauf 19 . . . . Tc8, so gewinnt Weiss mit 20. La6 ein Tempo.

[e]) Besser war b4; Schwarz könnte nun mittelst Se3 einen Bauer gewinnen, doch scheint Sf4 stärker zu sein.

23.	Sc4 f)	Dd5	27.	Sd6:	Se2†
24.	Le2	Da2:	28.	De2:	Sc3:
25.	Td6	Sed5	29.	Dc4	Db1†
26.	g5?g)	Td6:		und Schwarz gewann.	

Erläuterungen.

f) Besser wäre Lc4.

g) Jetzt sollte wenigstens Lb5 geschehen um Da4 zu ermöglichen.

XLIX. Unregelmässige Eröffnung.

	Stern. Weiss.	Anderssen. Schwarz.			
			16.	Le3	Ld7
			17.	Tad1	fe
1.	e3	f5	18.	fe a)	Dc7
2.	c4	e6	19.	c5 b)	dc
3.	Sf3	Sf6	20.	e5	Sd5
4.	Le2	Le7	21.	Sd5:	cd
5.	Sc3	0—0	22.	Dg6!	Le8 c)
6.	0—0	d6	23.	De6†	Kh8
7.	d4	h6	24.	Dd5:	Tf1†
8.	Se1	Sbd7	25.	Tf1:	cd
9.	Dc2	a6	26.	Tc1	Lc6
10.	Sd3	Sh7	27.	Dd4:	Td8
11.	Sf4	Sdf6	28.	Dc3	Td5 d)
12.	Sg6	Tf7	29.	Lf3	De5:
13.	f3	Sf8	30.	Ld5:	Dd5:
14.	Sf8:	Tf8:	31.	Dd2	Da2:
15.	e4	c6	32.	Ld4? e)	Lg5

Erläuterungen.

a) Weiss hat bis hierher ganz vorzüglich gespielt und steht sehr gut.

b) Die hiermit eingeleitete Combination ist vortrefflich, und Weiss gelangt infolge derselben in entscheidenden Vortheil. Ohne den später folgenden Fehler würde Stern jedenfalls die Partie gewonnen haben.

c) Der einzige Zug; es drohte Lh6: und Ld3 mit unabwendbarem Verderben.

d) Es ist kaum etwas Besseres für Schwarz zu finden.

e) Weiss übersah ganz die naheliegende Antwort; er verliert nun nicht nur noch einen Bauer, sondern auch die Qualität, und somit kommt der Altmeister zu mehr als wieder zu seinem Schaden.

33.	Le3	Le3†	42.	Df4†	Kg7
34.	De3:	Db2:	43.	De5†	Kf7
35.	Tc6: f)	bc	44.	h4	Db1†
36.	De8†	Kh7	45.	Kd2	Db4†
37.	De4†	g6	46.	Kc2	Dh4:
38.	Dc6:	Dd4†	47.	Dd5†	Kg7
39.	Kf1	Dd3†	48.	Kb3	Df6
40.	Ke1	h5	49.	Ka4	Db2
41.	Dc7†	Kh6		und Schwarz gewinnt.	

Erläuterungen.

f) Nothwendig!

L. Wiener Partie.

	Hammacher.	Schwarz.			
	Weiss.	Schwarz.			
1.	e4	e5 a)	8.	Sg5 c)	Lf5
2.	Sc3	Sf6	9.	Lc4	Lg6
3.	f4	d5	10.	f5! d)	Lh5†
4.	ed	Sd5:	11.	Ke1	Le7
5.	Sf3	Sc3: b)	12.	Se4:	Sc6
6.	dc	Dd1†	13.	Lf4 e)	0—0—0
7.	Kd1:	e4	14.	h3? f)	Lh4†
			15.	Kf1	The8
			16.	Ld3	f6

Erläuterungen.

a) Warum wählt der Führer der schwarzen Partei hier diesen gewagten Eröffnungszug?

b) Hier käme e5 — f4: in Betracht; der Abtausch ist nicht günstig für Schwarz, da der Anziehende einen starken Angriff erhält.

c) Die nächsten Züge von Weiss sind vortrefflich.

d) Sehr gut gespielt!

e) Weiss hat nun entscheidenden Vortheil erlangt.

f) Ein Fehler! Es sollte zunächst Kf2 erfolgen, z. B. 14. Kf2, Lg4 15. f6, gf (falls Lf6:, so Sf6:) 16. Lf7:, Lf5 (falls f5, so Le6† nebst The1) 17. The1 etc. Schwarz erhält nun zwar einen Angriff, der jedoch bei richtiger Vertheidigung den Anziehenden immer noch im Vortheil lässt.

17.	Sc5?g)	Se5	27.	Kg1	Te1†
18.	Le4	Sc4?h)	28.	Kf2	Tf1†
19.	Lb7†	Kb8	29.	Kg2	Tf5:
20.	Lc6	Te7	30.	Sf4	g5!
21.	Se6	Td1†	31.	Ld7	Le4†
22.	Td1:	Ld1:	32.	Kg1	Te5
23.	g3	Lg5	33.	b3	Sb6
24.	Th2	Lf4:	34.	Td2	Sd7:
25.	Sf4:	Lc2:!	35.	Se2	Kc8
26.	Sd5?i)	Ld3†	und Schwarz gewann.		

Erläuterungen.

g) Statt dessen sollte g4 nebst Th2 geschehen.

h) Dies ist zwar sehr kühn, aber sicherlich nicht correct; Schwarz will offenbar auf alle Gefahr hin den Angriff behaupten, der nach c6 mit g4 und Th2 oder Kg2 und Thd1 wieder auf Weiss übergehen würde.

i) Besser wäre noch Te2; Weiss ist nun verloren.

LI. Vierspringerspiel.

	Metger.	Wemmers.			
	Weiss.	Schwarz.	6.	Se5:!	Se5:
			7.	d4	Ld6
1.	e4	e5	8.	f4b)	Sc6
2.	Sf3	Sc6	9.	e5	Le7
3.	Sc3	Sf6	10.	d5c)	Sd5:
4.	Lb5	Lc5	11.	Sd5:	f5
5.	0—0	0—0a)	12.	Le3	d6

Erläuterungen.

a) Die Rochade ermöglicht dem Anziehenden nachträglich das von uns bereits mehrfach erwähnte Manöver des Schlagens auf e5.

b) Man vergleiche die Turnierpartie Flechsig—Zukertort (Anderssen-Congress S. 158); das von Schallopp daselbst aufgestellte Gegenspiel. 1. e4, e5 2. Sc3, Sc6 3. Sf3, Sf6 4. Lb5, Lc5 5. Se5:, Se5: 6. d4, Ld6 7. f4(!), Lb4(?) ist ungünstig für Schwarz, da der Anziehende mit fe!, Sg8 (falls Se4:, so 9. 0—0, L oder Sc3: 10. Df3!) fortfährt.

c) Gewiss ein stürmischer Angriff!

13.	Lc4	Kh8	17.	Sf4	De8
14.	Tf3	de	18.	Df3	Se5:?
15.	Th3	Dd6	Weiss setzt in vier Zügen mat.		
16.	fe	Dg6			

LII. Sicilianische Partie.

	Minckwitz. Weiss.	W. Paulsen. Schwarz.			
1.	e4	c5	11.	a3	Le7
2.	Sc3	e6	12.	Sg3	Lb7
3.	Sf3	Sc6	13.	Sf3?	Sd3:
4.	d4	cd	14.	Dd3:[b])	d5
5.	Sd4:	a6	15.	ed	Sd5:
6.	Le3	Sf6	16.	c4	Se3:
7.	Ld3	Lb4	17.	De3:	Dc7
8.	0—0	0—0	18.	Tac1	Lc5
9.	Sce2	Se5	19.	De2??	Dg3:
10.	h3[a])	b6	20.	De5	De5:
			und Schwarz gewann.		

Erläuterungen.

a) Besser war f4; man vergleiche hinsichtlich dieser Partie die Erklär S. 89 oben.

b) Warum nicht cd?

Achte Runde.

LIII. Sicilianische Partie.

	Wemmers. Weiss.	L. Paulsen. Schwarz.			
1.	e4	c5	3.	d4	cd
2.	Sf3	e6	4.	Sd4:	Sf6
			5.	Sc3	Sc6
			6.	Le3[a])	Lb4

Erläuterungen.

a) Besser ist Sdb5.

7.	Ld3	d5	16.	Lg7:??d)	Kg7:
8.	Sc6:?b)	bc	17.	Tf3	Tf6
9.	ed	ed	18.	g4	Tg6
10.	Ld4c)	0—0	19.	Kh1	fg
11.	0—0	Ld6	20.	Tff1	Df6
12.	f4	Sg4	21.	Lg6:	hg
13.	h3	Sh6	22.	Dg5	Dg5:
14.	Dh5	f5	23.	fg	Sf5
15.	Tae1	Ld7		Aufg.	

Erläuterungen.

b) Weiss verschafft dem Gegner eine günstige Bauernstellung: er spielt die Eröffnung recht schwach.

c) Besser wäre Se2 oder 0—0.

d) Herr Wemmers scheint eine Husarenpartie zu spielen — das Opfer ist gänzlich unmotivirt.

LIV. Unregelmässige Eröffnung.

	Anderssen.	Schwarz.			
	Weiss.	Schwarz.			
			9.	Lc4:	0—0
1.	a3a)	d5	10.	0—0	b6
2.	d4	Sf6	11.	Dd3c)	Lb7
3.	Sf3	e6	12.	Tad1	Sd5
4.	Lg5	Le7	13.	Le7:	Sce7:
5.	e3	c5	14.	Se2	Sg6
6.	c4	cdb)	15.	Ld5:	Ld5:
7.	ed	Sc6	16.	De3	Tc8
8.	Sc3	dc	17.	Sc3	Lb7
			18.	Td2	Se7

Erläuterungen.

a) Warum wählt Anderssen diese von ihm „verrückt" betitelte Eröffnung immer von Neuem wieder?

b) Schwarz will vereinzelte Bauern machen, was in dieser Eröffnung allerdings nutzlos.

c) Anderssen spielt diese Partie mit voller Kraft, würde aber bei der vorsichtigen Kampfweise seines Gegners ohne die demselben schliesslich gestellte feine Falle mehr als remis nicht erreicht haben.

19.	Sg5	h6 d)	31.	f5	Td5 f)
20.	Sge4	Sd5	32.	fe	fe
21.	Dg3	Sc3:	33.	De3	Dd7
22.	Sc3:	Ld5	34.	Tf2	e5 g)
23.	f4	Dd7	35.	Tdf1	ed
24.	h3	Tc6	36.	Tf8†	Tf8:
25.	De3	Td8	37.	Tf8‡	Kh7
26.	Te1	Td6	38.	De4†	g6
27.	Dg3	Kh8? e)	39.	Te8 h)	Dd6
28.	Dd3	Lc6	40.	Te6	Dc5
29.	Ted1	La4	41.	Dg6‡	Aufg.
30.	Sa4:	Da4:			

Erläuterungen.

d) Auch Sf5 20. Df4, h6 käme in Betracht.

e) Die Nothwendigkeit dieses Zuges sehen wir nicht ein; es könnte Lc6 28. Se4, Le4: 29. Te4:, f5 nebst Td4: geschehen, falls Weiss nicht mit 28. Ted1 in die Partie-Variante einlenkt; jedenfalls hätte Schwarz ein Tempo gewonnen.

f) Schwarz spielt offenbar auf Gewinn, des schwachen (?) d-Bauern wegen, denn sonst könnte er fe nehmen, worauf nach 32. Df5:, Td4: 33. Td4:, Td4: Weiss mit Dc8† und Df8† remis hält.

g) Schwarz glaubt sein Ziel erreicht zu haben, aber er hat die Combinationskraft des Altmeisters nicht gebührend gewürdigt.

h) Gewiss eine weitberechnete Combination!

LV. Unregelmässige Eröffnung.

	W. Paulsen.	Metger.			
	Weiss.	Schwarz.			
1.	e3	d5	5.	Lg2	c5
2.	b3	e6	6.	d4	Sc6
3.	Lb2	Sf6	7.	dc	Lc5:
4.	g3	Le7	8.	Se2	Ld7 a)
			9.	0—0	0—0
			10.	Sd2	b5

Erläuterungen.

a) Hier käme e6—c5 in Betracht.

11.	c4	bc	17.	Se4	Lb5
12.	bc	dc	18.	Dh5	f6
13.	Lf6:	gf	19.	Tfd1	De8?[b)]
14.	Sc4:	Tc8	20.	De8:	Le8:
15.	Sc3	Se5	21.	Tdc1	Aufg.
16.	Se5:	fe			

Erläuterungen.

b) Ein grober Fehler: es musste natürlich De7 geschehen!

LVI. Vierspringerspiel.

	Hammacher. Weiss.	Fritz. Schwarz.			
1.	e4	e5	13.	f5	d5!
2.	Sc3	Sc6	14.	Dg4	de
3.	Sf3	Lc5	15.	Le4:	c6
4.	Lb5	Sf6	16.	Lc2[a)]	Kh8
5.	0—0	0—0	17.	Tf3?	gf
6.	Se5:	Se5:	18	Dh5[b)]	Dd6
7.	d4	Lb4	19.	Th3	Dg6
8.	de	Lc3:	20.	g4!	Dg4‡[c)]
9.	ef	Lf6:	21.	Dg4:	fg
10.	f4	d6	22.	Th7‡	Kg8
11.	c3	g6	23.	Lh6	Lh6:
12.	Ld3	Lg7	24.	Th6:	f5?
			25.	Tad1[d)]	Kf7![e)]
			26.	Lb3†	Ke7

Erläuterungen.

a) Unverständlich! Le3 liegt nahe.

b) Natürlich nicht 18. Lf5: wegen 18 . . . Dd1†

c) Gut gespielt; noch besser scheint aber Tg8 zu sein.

d) Hierauf kommt Schwarz einigermaassen in Verlegenheit. Nicht minder gut, ja noch besser erscheint jedoch 25. Td6, welcher Zug den schwarzen Läufer und König für lange Zeit unthätig machen würde.

e) Einziger Zug um entscheidendem Nachtheil vorzubeugen.

27.	Tc1†	Kd7	37.	Te2	Te2‡
28.	Kf2 [f]	Kc7	38.	Ke2:	Kd6
29.	Le6	Le6:	39.	Kf2	Kd5
30.	The6:	Tad8	40.	Kg2	Ke4
31.	Kg3	Td3†	41.	Kf2	c5
32.	Kg2	f4	42.	Ke2	c4
33.	Tf1	Td2†	43.	a4	a5
34.	Tf2	Tfd8	44.	Kf2	Kd3
35.	Kf1	Tf2‡	45.	Kg2	Ke2
36.	Kf2:	Td2†		Aufg.	

Erläuterungen.

f) Verschiedene andere Fortsetzungen, die später unter Betheiligung anderer Schachfreunde versucht wurden, ergaben für Weiss kein günstigeres Resultat als in der Partie.

LVII. Springerspiel des Philidor.

	Minckwitz.	Stern.			
	Weiss.	Schwarz.	12.	Tad1	Tb8
			13.	b3	g5
1.	e4	e5	14.	Se1	h5
2.	Sf3	d6	15.	f4 [d]	Kg7
3.	d4	ed	16.	Sf3	Lg4
4.	Dd4:	Ld7	17.	fg	Lf3:
5.	Lg5	f6 [a]	18.	Tf3:	fg
6.	Le3	Sc6	19.	Tdf1	Sh6
7.	Dd2	Le7 [b]	20.	Sd5!	Kg6
8.	Sc3	Le6	21.	Dd3	h4 [e]
9.	Lb5	Kf7 [c]	22.	e5†	Kh5
10.	Lc6:	bc	23.	Tf6	Aufg.
11.	0—0	c5			

Erläuterungen.

a) Für besser gilt Sf6.

b) Sge7 nebst Sg6 wäre wohl besser, indessen hat Schwarz auch dann ein sehr beengtes Spiel.

c) Schwarz wählt den anscheinend noch günstigsten Weg der Entwickelung.

d) Weiss erhält einen unwiderstehlichen Angriff.

e) Auch andere Züge helfen nichts mehr.

Neunte und letzte Runde.

LVIII. Vierspringerspiel (Spanische Partie).

	Minckwitz.	L. Paulsen.
	Weiss.	Schwarz.
1.	e4	e5
2.	Sf3	Sc6
3.	Sc3	Sf6
4.	Lb5	a6
5.	La4	Le7
6.	d3[a]	b5
7.	Lb3	d6
8.	h3	Sa5
9.	0—0	Sb3:
10.	ab	Lb7
11.	Le3	0—0
12.	De2	b4
13.	Sa4[b]	Sd7
14.	Sh2	f5?
15.	ef	Tf5:
16.	f4[c]	Tf8
17.	Sg4	ef
18.	Tf4:	a5
19.	Tac1	Sf6
20.	Sf6†	Tf6:
21.	Tg4	Tf7
22.	Ld4	Lf6
23.	Lf6:	Df6:
24.	Tf1	Te7[d]

Erläuterungen.

a) Auf d4 könnte ed 7. Sd4:, Sd4: 8. Dd4:, c5 9. Dd3, b5 mit Officiersverlust folgen; Weiss lenkt daher in die von Anderssen beliebte Fortsetzung des Lopez ein.

b) Obgleich dieser Zug augenscheinlich den Springer deplacirt, wählt Weiss denselben dennoch in der Hoffnung, später die schwarze Bauernkette zerstören und den Springer auf dem Damenflügel erfolgreich verwenden zu können; bei richtiger Behandlung der Partie würde diese Hoffnung sich vermuthlich auch erfüllt haben; besser wäre indessen jedenfalls Sd1 nebst späterem Se3.

c) Weiss könnte hier durch Dg4 den B-bauer gewinnen und seinen Springer freimachen; der ihm dann drohende Angriff würde mit Leichtigkeit abgeschlagen werden, z. B. 16. Dg4, Tf6 17. Db4:, Lc6 18. Dd2, Tg6 19. f3, Lh4 20. Sc3, Sf6 21. Sg4, Sh5 22. Se2 etc. Die Nichtbenutzung eines Fehlers des Gegners rächt sich gewöhnlich; Schwarz hält nun den Springer eingesperrt.

d) Schwarz weicht dem Damentausch aus und wartet eine bessere Gelegenheit für denselben ab; seine nächsten Züge sind ausgezeichnet.

25.	Df2	De6	36.	Te1†	Kd7
26.	Tf4	Dc8!	37.	Tb1	Tf6
27.	Tf7	De8	38.	Tg1	Kc6
28.	Te7:	De7:	39.	d4[g])	Le4
29.	Te1	Dg5	40.	c4	Lc2
30.	Tf1[e])	Ld5!	41.	d5†	Kb7
31.	Kh2	h6	42.	Ta1	Lb3:
32.	Dg3	Dg3†	43.	c5	Ka6
33.	Kg3:	Tf8	44.	c6	Kb5
34.	Te1	Kf7		Aufg.	
35.	Tf1†?[f])	Ke7			

Erläuterungen.

e) Hier sollte c4 geschehen, um mittelst d4 und c5 oder d5 den Springer liquid zu bringen, oder den Läufer abzusperren.

f) Nun musste Kf2 erfolgen, um nach g1 zu gehen und Te2 zu ziehen, worauf Schwarz nicht in das gegnerische Spiel einzudringen vermag.

g) Zugzwang!

LIX. Unregelmässige Eröffnung.

	Stern. Weiss.	W. Paulsen. Schwarz.			
1.	e3	d5	11.	c3	Sf5
2.	f4	e6	12.	Ld3	Sd6
3.	Sf3	g6	13.	Te1	c5
4.	Le2	Lg7	14.	Se4	Sf6
5.	Sc3	Se7	15.	Sd6:	Dd6:
6.	0—0	0—0	16.	dc	Dc5†
7.	d4	b6	17.	Le3	Dc6
8.	e4[a])	de	18.	Ld4	Tfd8
9.	Se4:	Lb7	19.	De2	Dd6[b])
10.	Sf2	Sd7	20.	Lf6:	Lf6:
			21.	Le4	Le4:
			22.	De4:	Dd5

Erläuterungen.

a) Um dem Damenläufer noch rechtzeitig grössere Wirkung zu verschaffen.

b) Hier käme Sh5 in Berücksichtigung.

23.	Dd5:	Td5:	31.	Td3	Kf6
24.	Tad1	Tad8	32.	g4	h6
25.	Td5:	Td5:	33.	Se5	Ke7
26.	Kf2	a5	34.	g5	hg
27.	c4	Td6	35.	fg	Td3:
28.	b3	Lc3	36.	Kd3:	
29.	Te3	Lb4		Als remis abgebrochen.	
30.	Ke2	Kg7			

LX. Französische Partie.

	Anderssen.	Hammacher.			
	Weiss.	Schwarz.	15.	Dh5	Tf6
			16.	Lc3	De8
1.	e4	e6	17.	Dh3	Sf8
2.	d4	d5	18.	Lc2	Sc6 [a]
3.	Sc3	Lb4	19.	Tf1	Td8
4.	ed	ed	20.	Lh5	De6
5.	Ld3	Sf6	21.	Tff3	Kh8
6.	Sf3	0—0	22.	Dh4	Le7
7.	0—0	h6	23.	Th3	Kh7
8.	Se2	Lg4	24.	De1	g6 [b]
9.	Se5	Le2:	25.	g4	gh
10.	De2:	Sc6	26.	Th5:	fg
11.	c3	Ld6	27.	f5	Se5:!
12.	f4	Se7	28.	Tf4	Tf5:
13.	Tf3	Sh7	29.	Tff5:	Sf3†
14.	Tg3	f5	30.	Tf3:	gf

Erläuterungen.

a) Schwarz vertheidigt sich ritterlich! Es ist uns nicht recht ersichtlich, wie Weiss einen Angriff mit Erfolg forciren könnte.

b) Weiss hat seine Figuren verstellt und ist nun zu einem Opfer genöthigt, wodurch der Gegner einen hinreichenden materiellen Vortheil erhält. Die Combattanten brechen indessen die Partie später als unentschieden ab, um einem für das Gesammtresultat gleichgültigen, für sie aber anstrengenden Kampfe ein Ende zu machen.

31.	Th6‡	Dh6:	35.	Dc7:	Td7
32.	Lh6:	f2†	36.	De5†	Lf6
33.	Df2:	Kh6:		Als remis abgebrochen.	
34.	Df4†	Kg7			

LXI. Unregelmässige Eröffnung.

	Metger. Weiss.	Schwarz. Schwarz.			
1.	c4	e6	15.	Ld3	Ld6
2.	e3	Sf6	16.	Sb5	Lb8
3.	a3	d5	17.	Tc1	De8
4.	d4	c5	18.	Sc3 c)	Se7
5.	Sf3	Sc6	19.	Sg4 d)	Sg4:
6.	Sc3	dc	20.	Dg4:	f5
7.	Lc4:	cd	21.	De2	Sd5
8.	ed	Le7	22.	Ld2	Dd7
9.	0—0	0—0	23.	Tce1	Tf6
10.	Le3	b6	24.	Df2??e)	Sc3:
11.	De2	Lb7	25.	Lc3:	Tg6 f)
12.	Tad1	Sb8 a)	26.	g3	Dd5
13.	Se5	Sc6	27.	Le4	fe
14.	f4 b)	Dc8	28.	Te3	Df5
			29.	Dg2	Ld5
				Aufg.	

Erläuterungen.

a) Vermuthlich um La6 zu umgehen; Tc8 wäre wohl besser.

b) Weiss steht nun ganz vortrefflich, und man sieht nicht recht ab, wie er die Partie noch verlieren konnte.

c) Statt dessen könnte Tc2 geschehen; der Springer steht auf b5 lästig für Schwarz und sollte erst zurückgehen, wenn er durch a6 vertrieben wird; dann aber hat Weiss ein Tempo gewonnen.

d) Dc2 scheint ein besserer Zug zu sein.

e) Ein starker Fehler, wie die Folge zeigt; Tf2 sollte geschehen.

f) Schwarz hat auf höchst unerwartete Weise einen unwiderstehlichen Angriff erlangt.

LXII. Spanische Partie.

	Fritz. Weiss.	Wemmers. Schwarz.			
1.	e4	e5	22.	Ld5†	Kh8
2.	Sf3	Sc6	23.	Dc1	Dc5
3.	Lb5	a6	24.	Lf3	Te8
4.	La4	Sf6	25.	Dd2	h6
5.	0—0	Se4:	26.	Td1	Kh7
6.	d4	b5	27.	h3	Dc4
7.	Lb3	d5	28.	Dd7	c5
8.	Se5:	Se5:	29.	Dc7! a)	Tf8
9.	de	c6	30.	Dg3	Tf6
10.	Le3	Lc5	31.	Kh2	b4
11.	Sd2	Sd2:	32.	Td8! b)	Df4
12.	Dd2:	Db6	33.	Tc8 c)	bc
13.	Lc5:	Dc5:	34.	bc	De3? d)
14.	c3	Lf5	35.	Ld5!	Dg3†
15.	Kh1	0—0	36.	Kg3:	c4
16.	Df4	Lg6	37.	Lg8†	Kh8
17.	a4	f6	38.	Lc4†	Kh7
18.	ab	fe	39.	Lg8†	Kh8
19.	De5:	ab	40.	Ld5†	Kh7
20.	Ta8:	Ta8:	41.	c4	Lf5
21.	Dg5	Df2:?	42.	Tc6 e)	Tc6:
			43.	Lc6:	Kg6
			44.	Lf3	Kf6

Erläuterungen.

a) Droht Td7 und bezweckt Dg3 zur Deckung des Läufers, den Schwarz mit dem Thurm zu nehmen droht.

b) Droht Ld5 oder Db8.

c) Noch besser ist 33. cb, cb 34. Tb8 und Schwarz verliert einen Bauer.

d) Auch nach sofortigem Dg3† gelangt Weiss in Vortheil, da der schwarze c-Bauer schwach ist; Schwarz verliert nun einen Bauer.

e) Rascher entschied 42. Tb8. Das Endspiel wurde sehr rasch gespielt, da der Führer der Schwarzen wegen des am Mittag stattfindenden Taunus-Ausfluges auf Abbruch der Partie drang, und die Mittagsstunde bereits gekommen war.

45.	Kh4	Ke5	54.	Ld5?	Kd5:?[g]
46.	c5	Lc2	55.	c7	Ld7†
47.	c6	Kd6	56.	Kg6	Kd6
48.	Kg4	Lg6	57.	Kg7:	Kc7:
49.	Kf4	Le8	58.	Kh6:	Kd8
50.	Kf5	Lf7	59.	Kg7	Ke7
51.	h4 f)	Le8	60.	h6	Lf5
52.	h5	Lf7	61.	g4	Lc2
53.	g3?	Le8	62.	g5	Aufg.

Erläuterungen.

f) Die hiermit eingeleitete Combination ist incorrect, man sehe Zug 55 von Schwarz; der richtige Weg zum Gewinne ist: 51. g4, Le8. 52. h4, Lf7 53. g5, hg 54. hg, Kc7 55. Ke5, Lg8! 56. Le4!, Lf7 57. Ld5, Lg6 58. Ke6 etc.

g) Mit 54 . . . Lh5: war das Spiel remis.

Partieen aus dem Westdeutschen Hauptturnier.

LXIII. Abgelehntes Damen-Gambit.

(Aus dem I. Gang.)

	Dr. Richter. a. Siegen. Weiss.	Niemeyer. a. Braunschweig. Schwarz.			
1.	d4	d5	7.	Le2	Le7
2.	c4	e6	8.	0—0	0—0
3.	Sc3	c5	9.	Se5	Le2:
4.	cd	ed	10.	Se2:	Sc6
5.	e3	Sf6	11.	Sc6:a)	bc
6.	Sf3	Lg4	12.	b3	Dc7
			13.	Lb2	Sg4
			14.	Sg3	f5
			15.	h3?b)	Se3:

Erläuterungen.

a) Vorzuziehen wäre f4.

b) Dieser Zug kostet einen Bauer.

16.	fe	Dg3:
17.	Tf3	Dd6
18.	dc	Dc5:
19.	Ld4	Db5
20.	Tc1	Tf7 c)
21.	Dc2	c5
22.	Lc5:	Tc8
23.	b4	g6
24.	a4	Dc6
25.	Dd1	Dd7
26.	Tf2	Lc5:
27.	bc	Dc6
28.	Td2	Te7
29.	Td5:	Te3:
30.	Td6	De4
31.	Dd5†	Dd5:
32.	Td5:	Kf7
33.	c6	Ke6
34.	Ta5 d)	Tc7!
35.	Ta6	Te5
36.	Tb1	Kd6
37.	Tb7	Tb7:
38.	cb‡	Kc7
39.	Ta7:	Kb8
40.	Ta8†	Kb7:
41.	Th8	Te7

Remis.

Erläuterungen.

c) Auf c5 würde Lc5: nebst Dd5‡ folgen; Weiss gewinnt nun seinen Bauer wieder, was bei Tac8 nebst g6 nicht der Fall sein würde.

d) Durch Td7 kommt Weiss in Vortheil.

LXIV. Russisches Springerspiel.

(Aus dem I. Gang.)

	G. Schnapper. aus Frankfurt. Weiss.	E. Rosenthal. aus Frankfurt. Schwarz.
1.	e4	e5
2.	Sf3	Sf6
3.	Se5:	Sd6
4.	Sf3	Se4:
5.	d4	d5
6.	Ld3	Ld6
7.	0—0	0—0
8.	c4	c6
9.	Db3	Lc7
10.	cd	cd
11.	Sc3	Sc3:
12.	bc	Sc6
13.	Dc2	g6
14.	Lh6	Te8
15.	Tae1	Lg4
16.	Te8‡	De8:
17.	Te1	Dd8
18.	De2? a)	Lf3:
19.	Df3:	Dh4

Erläuterungen.

a) Statt dessen sollte Lg5 (falls f6 wieder Lh6) geschehen.

20.	De3 b)	Dh2†	34.	c4	Sb4
21.	Kf1	Dh1†	35.	c5	Lf8
22.	Ke2	Dh4 c)	36.	Le1	a5
23.	Kd1	Dg4†	37.	a3	Sc6
24.	f3	Dd7	38.	Lf2	Dg7
25.	Lf5	Dd8	39.	Df5	Dd7
26.	Lg5	f6	40.	g4	Sa7
27.	Le6†	Kh8	41.	Kd2	De7
28.	Lh4	g5	42.	Kd3	Te2
29.	Lf2	Lf4	43.	Lg1	Te1
30.	Dd3	Dc7	44.	Dd5:	De2†
31.	Th1	Te8	45.	Kc3	Sb5†
32.	Dg6 d)	Te6:	46.	Kb3	Tb1†
22.	g3	Ld6		Aufg.	

Erläuterungen.

b) Weiss will den Angriff festhalten; besser wäre Dh3.

c) Auf Dg2: würde 23. Kd2, Ld6! 24. De8† erfolgen; die Partie ist nicht uninteressant.

d) Dieses Opfer ist durch nichts gerechtfertigt; besser wäre Lf5.

LXV. Sicilianische Partie.

(Aus dem I. Gang.)

	F. Haeseler. aus Frankfurt.	v. Moller. aus Wiesbaden.			
	Weiss.	Schwarz.	8.	0—0	Sf6
1.	e4	c5	9.	Ld2	Le7
2.	Sf3	Sc6	10.	h3	0—0
3.	d4	cd	11.	Kh1	Dc7
4.	Sd4:	Sd4:?	12.	f4	Ld7
5.	Dd4: a)	e6	13.	e5	de
6.	Sc3	a6	14.	fe	Se8
7.	Ld3	d6	15.	De4	g6
			16.	Lh6	Sg7
			17.	Tae1	Lc6

Erläuterungen.

a) Die Dame hat nun eine gute Angriffsstellung.

18.	Dg4	b5	31.	De1	Ld6
19.	Se4	Le4:	32.	Lc4	Df4
20.	Te4:[b])	f5	33.	Dg1	g5
21.	ef	Tf6:	34.	Le2	Kh6
22.	Tf6:	Lf6:	35.	g3	De4†
23.	Lg7:	Kg7:	36.	Dg2	De3
24.	Te6:	Df7	37.	Df3	Df3:
25.	b3	h5	38.	Lf3:	Lg3:
26.	De4	Ta7	39.	a4	Ld6
27.	c4!	Te7	40.	a5	Lc5
28.	Te7:	Le7:	41.	a6	h4
29.	cb	ab		Remis.	
30.	Lb5:[c])	Df6			

Erläuterungen.

b) Vermuthlich wäre Le4: vorzuziehen.

c) Dc5† nebst Db5: bietet mehr Gewinnchancen. Schwarz erhält nun einen fatalen Angriff.

LXVI. Spanische Partie.

(Aus dem II. Gang.)

	D. Schwarzschild.	S. J. Zunz.			
	aus Paris.	aus Frankfurt.			
	Weiss.	Schwarz.			
1.	e4	e5	9.	cd	Sa5
2.	Sf3	Sc6	10.	Lc2	c6
3.	Lb5	Sge7	11.	Sc3	Le7
4.	0—0	a6	12.	b3	0—0
5.	La4	h6	13.	Lb2	Sb7
6.	c3	b5	14.	h3	d6
7.	Lb3[a])	Sg6	15.	Sh2	f5
8.	d4	ed	16.	Dh5[b])	Sf4
			17.	Df3	fe
			18.	De4:	Lf5
			19.	Df4:	Lc2:

Erläuterungen.

a) Der Läufer ginge besser gleich nach c2.

b) Die Partie wird nun ziemlich lebhaft.

20.	Dd2	Lg6	35.	Te5	b4
21.	Tae1	d5	36.	De3	Te8
22.	De3	Ld6	37.	Se2!	a5
23.	Sg4	Kh7	38.	Sf4	Se4
24.	Se5	Le5:	39.	Sd3	Df6
25.	De5:	Ld3	40.	g4	Dh4
26.	Se2	Te8	41.	Kg2	Ta8
27.	Dh5	Sd6	42.	Sc5	Ta7
28.	Df3	Le4	43.	Se4:	de
29.	Dc3	Tc8	44.	De4:?c)	Ld5
30.	Sg3	Lg6	45.	Td5:	cd
31.	Te8:	Se8:	46.	Dd5:	Te7
32.	f4	Sf6	47.	Df3	De1
33.	f5	Lf7	48.	f6	Te2†
34.	Te1	Dd6		Aufg.	

Erläuterungen.

c) Das hiermit gebrachte Qualitätsopfer hat den Verlust zur Folge, weil dem feindlichen Thurm eine gefährliche Wirksamkeit eröffnet wird; da Weiss indessen zwei Bauern erhält, so war dasselbe verführerisch genug.

LXVII. Französische Partie.

(Aus dem II. Gang.)

	Schottländer. a. Breslau. Weiss.	Dr. W. Jordan. a. Frankfurt a/M. Schwarz.			
1.	e4	e6	4.	e5	c5
2.	d4	c6	5.	c3	cd
3.	f4	d5	6.	cd	Dc7a)
			7.	Sc3	a6
			8.	Ld3	Sc6
			9.	Sf3	Le7

Erläuterungen.

a) Dr. Jordan vertheidigt sich sehr unregelmässig, was freilich nicht zu verwundern ist, da derselbe wohl früher vielen Verkehr mit schachlichen Koryphäen (z. B. v. Jänisch) gehabt hat, indessen schon seit Jahrzehnten das Schach nur noch in der urwüchsigen Weise eines Naturspielers cultivirt hat.

10.	0—0	g6
11.	a3	Sh6
12.	h3	Sf5
13.	Lf5:	gf
14.	Le3	h6
15.	Tc1	Ld7
16.	b4	b5
17.	Tf2	Db6
18.	Sb1	0—0
19.	g4	fg
20.	hg	f5
21.	Dd3	Kh8
22.	Th2	Kg7
23.	Tg2	Kh7
24.	Sc3	Tf7
25.	Tcc2	Tg8
26.	gf	Tf5:
27.	Tg8:	Kg8:
28.	Tg2†	Kh8
29.	Se2	Dd8
30.	Sg3	Tf7
31.	Dg6	Th7
32.	Sh5 b)	Df8
33.	Sf6	Lf6:
34.	ef	Le8!
35.	Dg3	Tf7
36.	Se5	Tf6:
37.	Dh4	Se7
38.	Sg4	Tg6
39.	Se5	Tg2‡
40.	Kg2:	Sf5
41.	Dh3	Dg7†
42.	Kf2	h5
43.	Ld2	h4
44.	Sf3	Dg3† c)
45.	Dg3:	hg‡
46.	Kg2	Lh5
47.	Sg5	

Remis.

Erläuterungen.

b) Die Stellung scheint nun kritisch für Schwarz zu werden, derselbe schlägt aber jeden Angriff gewandt zurück.

c) Stärker wäre Lh5, worauf es uns scheint, als käme Schwarz in entscheidenden Vortheil.

LXVIII. Vierspringerspiel.

(Aus dem II. Gang.)

	Dr. Jordan.	Schottländer.
	Weiss.	Schwarz.
1.	e4	e5
2.	Sc3	Sc6
3.	Sf3	Sf6
4.	Lc4	Lc5
5.	d3	d6
6.	0—0	h6
7.	h3	g5 a)
8.	Sh2	Se7

Erläuterungen.

a) Schwarz geht in energischer Weise sofort zum Angriff über.

9.	Le3	Lb6	18.	Sg4:	Lg4:
10.	De2	Sg6	19.	f3	Ld7
11.	Sf3? [b])	g4	20.	Kf2	Dg5
12.	hg	Lg4:	21.	gf	ef
13.	Lb6:	ab	22.	Dd4	Dg3†
14.	De3	Tg8	23.	Ke2	Dh2†
15.	Sh2	Sf4	24.	Ke1	Tg1†
16.	g3	Lh3	25.	Dg1:	Dg1‡
17.	Tfd1	Sg4	26.	Kd2	De3 ‡

Erläuterungen.

b) Besser wäre Lb6: nebst Sd5, oder auch sofort Sd5; der Angriff von Schwarz wird nun überwältigend.

LXIX. Zweispringerspiel im Nachzuge.

(Aus dem III. Gang.)

	S. J. Zunz. Weiss.	H. Adler. Schwarz.			
1.	e4	e5	13.	Sge4	Se4:
2.	Sf3	Sc6	14.	Se4:	Lc7
3.	Lc4	Sf6	15.	c4 [a])	f5
4.	Sg5	d5	16.	Sd2	f4 [b])
5.	ed	Sa5	17.	Se4	Dh4
6.	Lb5†	Ld7	18.	Df3	Tad8
7.	De2	Ld6	19.	b4	Tf5
8.	Sc3	c6	20.	b5	Th5
9.	dc	Sc6:	21.	h3	Le4:
10.	Lc6:	Lc6:	22.	de	Tg5
11.	0—0	0—0	23.	Kh2 [c])	Td4?
12.	d3	h6	24.	La3	Kh7
			25.	Le7	Tg2‡
			26.	Dg2:	De7:

Erläuterungen.

a) Weiss sollte den Läufer entwickeln.

b) Dh1 oder Dd6 wäre stärker; nun kommt der weisse Springer wieder auf seinen alten Platz.

c) Offenbar unnöthig, da sofort der Läufer gehen könnte.

27.	f3	Lb6	34.	hg	Tb2
28.	Tad1	Tc4:	35.	Tc7	Tf2
29.	Td5	Ld4	36.	Tdd7	Tf1†
30.	Td1	Tb4	37.	Kh2	Tf2†
31.	Kh1	De8	38.	Kh1	Tf1†
32.	Dg4	Dg6		Remis.	
33.	Tc1	Dg4:			

LXX. Giuoco piano.

(Aus dem IV. Gange.)

	C. Höing. Weiss.	Schottländer. Schwarz.			
1.	e4	e5	18.	Sce5	Lf3:
2.	Sf3	Sc6	19.	Sf3:c)	Sd5
3.	Lc4	Lc5	20.	Tfe1	Sf4
4.	c3	Sf6	21.	Tad1	h6
5.	d4	ed	22.	Te7	Sd5
6.	cd	Lb4†	23.	Te1	Tfe8
7.	Ld2	Ld2‡	24.	Tc1	Sf4
8.	Sd2:	d5	25.	Te8‡	Te8:
9.	ed	Sd5:	26.	Tc7:	g5
10.	0—0a)	0—0	27.	h3	f5
11.	Db3	Sa5	28.	Td7?d)	Te2
12.	Dd3	Sc4:	29.	a4	Tb2
13.	Sc4:	Le6	30.	Tb7:	Tb1†
14.	Dd2b)	Df6	31.	Kh2	Tf1
15.	Dg5	Tad8	32.	Te7	Tf2:
16.	Df6:	Sf6:	33.	Se1	Tb2?
17.	b3	Lg4	34.	Tb7	Te2
			35.	Sf3	Tg2‡
			36.	Kh1	Tf2

Erläuterungen.

a) Hier sollte sofort Db3 geschehen.

b) Hier sollte Se3 geschehen.

c) Die Partie steht nun glatt auf remis.

d) Warum nicht Tb7:? Der Schluss wird nun von Schwarz vortrefflich gespielt.

37.	Sg1	Sh5	44.	d6	Td2
38.	Sf3	Tf3:	45.	d7	Kf8
39.	Kg2	Tg3†	46.	a5	Ke7
40.	Kh2	Td3	47.	a6	Ta2
41.	Ta7:	Tb3:	48.	Kf1	Sg3†
42.	d5	Tb2†	49.	Ke1	f3
43.	Kg1	f4		Aufg.	

LXXI. Vierspringerspiel.

(Aus dem IV. Gange.)

E. Rosenthal.	Schottländer.				
	Weiss.	Schwarz.	18.	gh	Shf4
			19.	Kh2	Kh7
1.	e4	e5	20.	Tg1	c6
2.	Sf3	Sc6	21.	De3	b5
3.	Lc4	Lc5	22.	Lb3	Tad8
4.	Sc3	Sf6	23.	Td8: c)	Td8:
5.	d3	h6	24.	Tg3	c5!
6.	Le3	Lb6	25.	Dc5:	Se2
7.	h3	d6	26.	De3	Sg3:
8.	Dd2	Se7	27.	fg	Td7
9.	Sa4	Ld7	28.	Ld5? d)	Se7
10.	Sb6:	ab	29.	Lb3	Sc6
11.	a3	Sg6	30.	h4	Sd4
12.	0—0 a)	Sh5	31.	Sd4:	Td4:
13.	d4	Df6	32.	c3	Td6
14.	de	de	33.	Ld5	Df1
15.	Dc3	0—0	34.	Dg1!	Tf6
16.	Tad1 b)	Lh3:	35.	Df1:	Tf1:
17.	Lh6:	gh	36.	Lb7:	Tf2†

Erläuterungen.

a) Weiss könnte hier recht gut g2—g4 spielen.

b) Wir sehen nichts Besseres für Weiss; es folgen nun einige interessante Phasen.

c) Hier sollte lieber c3 nebst Lc2 geschehen.

d) Auch jetzt und im 30. Zuge wäre c3 nebst Lc2, resp. Ld5 am Platze.

37.	Kh3	Tb2:	51.	Lg6	Tb8
38.	Lc6	Tb3	52.	Lf5	Kc5
39.	a4	ba	53.	Kg3	Kd4
40.	La4:	Tc3:	54.	Kf3	Tb3†
41.	Ld7	Kg7	55.	Kf2	Te3
42.	h5	Kf6	56.	Lg6	Te4:
43.	Kg4	Ta3	57.	Le4:	Ke4:
44.	Lf5	Ta8	58.	Kg3	Kd3
45.	Kh4	Tg8	59.	Kf2	Ke4
46.	g4 e)	Tg5	60.	Kg3	Ke3
47.	Kg3	Ke7	61.	Kh3	Kf3
48.	Kf3	Kd6	62.	g5	fg
49.	Lc8	f6		Aufg.	
50	Lf5	Tg8			

Erläuterungen.

e) Weiss vertheidigt sich gegen die ganz vortreffliche Führung des Endspiels seitens des Gegners nicht übel; hier aber hätte er mit Lh7 Remischancen.

LXXII. Französische Partie.

(Aus dem V. Gange.)

	E. Rosenthal.	W. Friedberg.			
	Weiss.	Schwarz.			
1.	e4	e6	7.	Sc3	Da5
2.	d4	d5	8.	Lc6†	bc
3.	e5?	c5	9.	Ld2	Se7
4.	c3	Sc6	10.	a3	Lc3:
5.	Lb5	cd	11.	Lc3:	Db6
6.	cd	Lb4†	12.	Se2 a)	La6
			13.	0—0	0—0
			14.	Te1 b)	Sf5

Erläuterungen.

a) Weiss hat nun, da die Eröffnung, welche mit 4. Db6 5. Sc6 etc. geführt werden muss, von Schwarz nicht richtig behandelt worden ist, ein vortreffliches Spiel erlangt, welches bei richtiger Fortsetzung mindestens die Partie sichert.

b) Besser wäre f4 nebst Tf2.

15.	Sg3	Sg3:	28.	Da5	Tb6:
16.	fg[c])	f5	29.	Db6:	Td7
17.	Dd2	Tab8	30.	Tc1	Td8
18.	a4[d])	Lc4	31.	Dc7[e])	Tb8
19.	h3	Tf7	32.	Dd6	Lc4
20.	b4	Tbf8	33.	De7	Dg6
21.	b5	cb	34.	Kh2	h6
22.	ab	Db5:	35.	Tc2??	Tb3
23.	Lb4	Tc8	36.	Dh4	f4
24.	Teb1	De8	37.	Tc1	fg†
25.	Lc5	a6	38.	Kh1	Tb1
26.	Tb6	Tb8	39.	Df4	Dc2
27.	Tab1	Lb5		Aufg.	

Erläuterungen.

c) Wir würden hg vorgezogen haben.

d) Dies ist zwecklos und verfehlt; richtig wäre Lb4 nebst Lc5 und b2—b4.

e) Tb1 würde das Remis sicherstellen.

Partieen aus der Blindlingsproduction.

LXXIII. Schottisches Gambit.

(Dauer 2 Stunden 55 Minuten.)

Stabsarzt Dr. Albers.		L. Paulsen. (blindlings)			
	Weiss.	Schwarz.			
1.	e4	e5	6.	Ld3	d5
2.	Sf3	Sc6	7.	e5	Sg4
3.	d4	ed	8.	Lf4	Lc5
4.	Sd4:	Sf6	9.	0—0	f6
5.	Sc6:	bc	10.	ef	Df6:
			11.	Lg3	0—0
			12.	De2[a])	Ld7
			13.	c3?[b])	Tae8

Erläuterungen.

a) Besser wäre Dd2.

b) Weit besser wäre Sc3; der Blindlingsspieler entscheidet nun mit wenigen wuchtigen Schlägen die Partie zu seinen Gunsten.

14.	Dd2	h5	19.	Kh1	Tf4:
15.	h4	Ld6	20.	gf	Df2
16.	Sa3c)	Lg3:	21.	Dc1	Dh4‡
17.	fg	Dd6		Aufg.	
18.	Tf4	Dc5†			

Erläuterungen.

c) Auf Ld6: folgt Dd6: 17. f4!, De7 18. g3, Dc5† 19. Kh1, Te3 etc.

LXXIV. Springerspiel des Philidor.

(Dauer 3 Stunden 5 Minuten.)

	R. Stern aus Fulda. Weiss.	L. Paulsen (blindlings.) Schwarz.			
1.	e4	e5	12.	Lc4†	Kh8
2.	Sf3	d6	13.	Te1	De8
3.	c3?	f5	14.	Te3	Sf4
4.	d3	Sf6	15.	Se1a)	Lh4
5.	Lg5	Le7	16.	Sf1	Dg6
6.	Sbd2	fe	17.	Sg3?	Lh3:b)
7.	Lf6:	Lf6:	18.	gh	Sh3‡
8.	de	0—0	19.	Kh2	Tf2‡
9.	h3	Sc6	20.	Kh3:	Lg3:
10.	Le2	Se7	21.	Dg4	Dh6†
11.	0—0	Sg6	22.	Dh5	Dh5‡
			23.	Kg3:	Schwarz setzt in drei Zügen mat.

Erläuterungen.

a) Df1 wäre vorzuziehen.

b) Eine ebenso elegante, wie energische Combination.

LXXV. Wiener Partie.

(Dauer ca. 4 Stunden.)

	L. Paulsen. (blindlings.) Weiss.	G. Schnapper. Schwarz.			
1.	e4	e5	4.	Sf3	Lg4
2.	Sc3	Sf6	5.	Le2	Lf3:
3.	f4	d6	6.	Lf3:	Sc6
			7.	0—0	Dd7
			8.	d3	0—0—0

9.	a3	a6 [a])	21.	ab†	Kb7
10.	b4	Sa7 [b])	22.	Ta7†!	Kc8
11.	a4	Dc6	23.	Tba1	Kd8
12.	Ld2	Kb8	24.	fe	de
13.	Kh1	b6	25.	Ta8	Dc8
14.	Db1	Kb7	26.	Tb8:	Db8:
15.	b5	De8	27.	De5:	Sd7? [d])
16.	ba†	Ka6:	28.	Df5	Lf6
17.	Db2	Tb8	29.	e5	Dc8
18.	Tfb1	Dd7	30.	ef	gf
19.	Sb5	Le7	31.	Ta8	Sb8
20.	c4	Sb5:? [c])	32.	Df6‡	Aufg.

Erläuterungen.

a) Besser wäre h6; a6 schwächt die Königsstellung.

b) Der Springer ginge besser nach d4.

c) Hierdurch wird das schwarze Spiel schnell rettungslos.

d) Viel besser erscheint Ld6.

LXXVI. Sicilianische Partie.

(Dauer 1 Stunde 50 Minuten.)

	Fritz (blindlings.) Weiss.	von Moller aus Wiesbaden. Schwarz.			
1.	e4	c5	10.	Sc6:	Dc6:
2.	Sf3	Sc6	11.	Tb1	Se7
3.	d4	cd	12.	Dg4	Sg6
4.	Sd4:	e6	13.	f4	0—0
5.	Sc3	a6	14.	f5	Se5
6.	Le3	Lb4	15.	Dg3	f6
7.	Ld3	Lc3‡	16.	h4	Sf7
8.	bc	Da5	17.	h5	h6
9.	0—0	Dc3:	18.	fe	De6:
			19.	Tb6	De5
			20.	Lf4	Dh5:
			21.	Tf6:	Aufg. [a])

Erläuterungen.

a) Schwarz kann die Partie auf die Dauer nicht halten, da die Züge Tf5, Lh6:, Lc4 oder Ld6 ohne Verlust nicht sämmtlich genügend zu pariren sind; immerhin aber hätte er es noch einige Zeit mit ansehen sollen.

LXXVII. Unregelmässige Eröffnung.

(Dauer 2 Stunden 35 Minuten.)

	Fritz (blindlings). Weiss.	F. K. Esling aus Hannover. Schwarz.
1.	e4	Sc6
2.	d4	d5
3.	ed	Dd5:
4.	Sf3	Lg4
5.	Le2	e6
6.	0—0	Sf6
7.	Sc3	Dd7
8.	Lf4	Ld6
9.	Se5	Se5:
10.	Le5:	h5
11.	h3	Lf5
12.	Lf3	c6
13.	De2	0—0—0[a])
14.	Tfd1	Sd5
15.	Se4	Le4:
16.	Le4:	f6
17.	Ld6:	Dd6:
18.	g3	f5
19.	Lg2	g5
20.	c4[b])	Sf6
21.	c5	De7
22.	b4	h4
23.	b5	cb
24.	Db5:	Sd5
25.	Tab1	hg
26.	hg	Dc7
27.	c6	bc
28.	Da6†	Aufg.

Erläuterungen.

a) Sicherer wäre offenbar Ke7.

b) Hiermit leitet der Blindlingsspieler einen unwiderstehlichen Rochade-Angriff ein.

Partieen

aus dem

Wettkampf Schwarz — Minckwitz.*)

LXXVIII. Unregelmässige Eröffnung.

(Erste Matchpartie, gespielt den 4. August 1878.)

	Minckwitz. Weiss.	Schwarz. Schwarz.			
1.	d4	e6	7.	dc	dc
2.	c4	c5?	8.	Dd8†	Kd8:[b])
3.	e3?[a])	Sf6	9.	Lc4:	Lc5:
4.	Sf3	d5	10.	b4	Ld6
5.	a3	Sc6	11.	Lb2	Ke7
6.	Sc3	Le7	12.	0—0[c])	a6
			13.	Tfd1	b5
			14.	Ld3	Lb7

Erläuterungen.

a) Besser ist natürlich d5, da Schwarz indessen den Zug c5 nur aus Versehen gemacht hatte (Fingerfehler), so wollte der Führer der Weissen hieraus keinen Vortheil ziehen.

b) 8 . . . Sd8: würde Tempoverlust sein. Der Verlust der Rochade gereicht Schwarz nicht zum Nachtheil. Auf 8 . . . Sd8: könnte folgen 9. Lc4:! (nicht 9. Sb5?, 0—0 10. Lc4:, a6! 11. Sc7??) Lc5: 10. b4, Le7! 11. Lb2 etc.

c) 12. 0—0—0 scheint nicht stärker zu sein; es könnte sich folgende interessante Fortsetzung ergeben: 12. 0—0—0, a5 (wenn 12 . . Ld7 so 13. Td2 oder Sg5) 13. Td6: (b5 ist auch zulässig) Kd6: 14. Sb5†, Ke7 15. Sc7, Ld7! (nicht Tb8, wegen 16. b5, Sd8 17. a4!, Sd5 18. Ld5: u. W. gew.) 16. Sa8: (wenn 16. b5 so 16 . . Tac8), Ta8: 17. ba (nicht b5 wegen Sa7), Sa5: 18. Le2 und die Spiele stehen gleich. Für Weiss käme aber 12. Ke2 in Betracht.

---

*) Die Anmerkungen zu diesen Partieen rühren grösstentheils von Herrn Alex. Fritz her.

15.	Se4 d)	Se4:	25.	ba	Ta8
16.	Le4:	f5!	26.	f4	Kd6 h)
17.	Lc6:	Lc6:	27.	g3 i)	Ta5:
18.	Le5! e)	Ld5!	28.	Td3	Ta7
19.	Tac1	Thc8	29.	Kf2	Tc7
20.	Ld6‡	Kd6:	30.	Ke2	Tc2†
21.	Sg5	h6	31.	Td2	Tc3
22.	Sf7†	Ke7	32.	Td3	Tc2†
23.	Se5	a5! f)	33.	Td2	Tc3
24.	Tc8: g)	Tc8:		Remis.	

Erläuterungen.

d) Etwas besser ist 15. Sg5 mit ungefähr der Fortsetzung 15 . . . Thd8! 16. Sce4, Se4: 17. Se4:, Lc5 (wenn Se5?, so 18. Sd6: u. gew. die Qualität) 18. Le5:, Se5: 19. Sc5, Sd3: 20 Td3:, Td3: 21. Sd3: und Weiss hat im Endspiel Springer gegen Läufer mit günstiger Stellung jenes auf c5.

e) 18. Se5 scheitert auch an 18. Ld5.

f) Vernichtet die Gewinnchancen von Weiss.

g) 24 f4 würde auch nur zum Remis führen: 24 f4, Tc1‡ 25. Tc1:, ab 26. ab Ta2 27. Tc7†, Kf8 28. Tc8†, Ke7 29. Tc7† etc.

h) Nicht sofort 26 . . . Ta5: wegen 27 . . Td5: (droht Sc6†).

i) Weiss könnte hier vortheilhafter a4 spielen, wonach er nach Ta5: (ba, Td4 nebst Sc4†) 28. ab, Tb5: noch einige Gewinnchancen haben würde.

LXXIX. Vierspringerspiel.

(Zweite Matchpartie, gespielt den 4. August 1878.)

	Schwarz.	Minckwitz.			
	Weiss.	Schwarz.			
1.	e4	e5	5.	d3	a6
2.	Sf3	Sc6	6.	La4	h6
3.	Sc3	Sf6	7.	0—0	b5
4.	Lb5	Lc5 a)	8.	Lb3	d6
			9.	Sd5	Sa5 b)
			10.	Le3	Sb3:

Erläuterungen.

a) 4 . . a6 ist hier der bessere Zug 5. Lc6:, dc 6. Se5:, Se4: 7. Se4:, Dd4 etc.

b) Auf 9 . . Lg4 folgt 10. Le3, nicht 10. Sf6‡, Df6: 11. Ld5, wegen 11 . . . Sd4!

11.	Sf6†	Df6:	25.	f4	ef†
12.	ab	Lg4	26.	Kf4:	Te6
13.	Lc5:	dc	27.	Ke3	Te5
14.	h3 c)	Lf3:	28.	f4	Te6
15.	Df3:	Df3:	29.	Tg5	f5
16.	gf	Kd7! d)	30.	h4 k)	Kd6 l)
17.	Tfe1 e)	h5 f)	31.	Kf3	fe†
18.	Kf1	Th6	32.	de	c6
19.	Ta5? g)	Kc6	33.	f5	gf
20.	Taa1	Tf6	34.	Tf5:	Th6
21.	Ke2	Tg6? h)	35.	Kf4	a5
22.	Tg1	Tg1:	36.	c3	Th8
23.	Tg1:	g6? i)	37.	Tf6†	Kd7
24.	Ke3	Te8	38.	Kf5	Te8

Erläuterungen.

c) Scheint Tempoverlust zu sein, den Weiss mit Tf1—e1—e3 umgehen kann.

d) Der König muss auf die Damenseite gebracht werden.

e) Kein Tempoverlust. Weiss verhindert nun 17 . . f5 z. B. 18. ef, Kd6 19. f4! The8! 20. fe†, Te5: 21. Te5:, Ke5: 22. Te1†, Kf5: 23. Te7 etc.

f) 17 . . Thf8 (vorbereitend f5) könnte zu folgenden, für Weiss nicht ungünstigen Fortsetzungen führen: 17 . . Thf8 18. Kg2, f5 19. ef, Tf5: 20. Te4, g5! 21. b4, cb 22. Tb4:, Kc6 (wegen Tb5:) 23. c4, bc 24. Tc4† oder: 17 . . . Tf8 18. Kg2, f5 19. ef, Tf5: 20. Te4, Kc6 21. f4! ef 22. Kf3!

g) Weiss verliert hierdurch 2 Tempi; der schw. König geht ohnehin am besten auf die Damenseite.

h) Weit besser ist 21. Tf4, z. B. mit folgender Fortsetzung 22. Tg1, g6 23. c3, Kb6 24. Ke3, Td8 25. Tad1, Th4 (nicht Td6 wegen 26. d4, cd† 27. cd, Th4 28. de!) 26. Tg3, Td6 u. droht nun f5!

i) Hierauf kommt Weiss in entscheidenden Vortheil. Schwarz musste Tg8 ziehen, um mit g5 den verderblichen Zug f4 zu hintertreiben.

k) Zwecklos; Schwarz hat hierauf eine gute Entgegnung.

l) Am besten erscheint hier 30 . . . c4 31. bc, bc 32. Kf3, cd 33. cd, fe† 34. de, Kd7., und Schwarz droht nun mit Tb6 sein Spiel bedeutend günstiger zu stellen.

39.	e5	Te7
40.	Td6†	Kc7
41.	Td2	Tf7†
42.	Kg6	Tf4
43.	Kh5:	Tf5†
44.	Kg6	Te5:
45.	h5	Te3
46.	Tg2	b4
47.	h6	bc
48.	bc	Tc3:
49.	h7	Th3
50.	Tg4 m)	Kb6
51.	Kg7	c4
52.	Tc4:	Tg3†
53.	Kh6	Th3†
54.	Kg6	Kb5
55.	Tg4	c5
56.	Kg7	c4
57.	Tc4:	Tg3†
58.	Kf6	Th3
59.	Kg6	Kb6
60.	Tg4	Aufg.

Erläuterungen.

m) Um jedem Vorgehen der schwarzen Bauern vorzubeugen: Bei 50. Kg7 hätte Schwarz Remischancen z. B. 50. Kg7, c4! 51. bc, Kb6 52. h8D, Th8: 53. Kh8:, Kc5 54. Tc2!, Kb4! 55. Kg7, Kb3 56. Tc1, Kb2 57. Tg1, Kb3 58. Tg4, a4 etc.

LXXX. Unregelmässige Eröffnung.

(Dritte Matchpartie, gespielt den 5. August 1878.)

	Minckwitz.	Schwarz.
	Weiss.	Schwarz.
1.	c4	e5
2.	e3	Sf6
3.	Sc3	Le7
4.	d4	ed
5.	ed	0—0
6.	Sf3	d5
7.	cd	Sd5:
8.	Lc4	Sf6 a)
9.	0—0	Sc6
10.	Le3	Lg4
11.	d5	Se5
12.	Le2	Sf3†
13.	Lf3:	Lf3:
14.	Df3:	h6
15.	Tfd1 b)	Ld6
16.	Tac1	a6
17.	Ld4	Se8
18.	Se4	f5 c)

Erläuterungen.

a) Wenn 8 .... Le6? so 9. Db3.

b) Tfe1 scheint besser zu sein, man sehe Zug 24. von Weiss.

c) Schwächt den Punkt e6, aber Schwarz hat kaum etwas Besseres.

19.	Sc5[d])	Lc5:	29.	Kf3	Te7
20.	Lc5:	Sd6	30.	Tb6	Kf7
21.	Db3	Tb8	31.	Kf4	g6
22.	Tc3!	Tf7	32.	f3	Tdd7
23.	Ld6:	Dd6:	33.	Td2	Te1
24.	Te3	Db6[e])	34.	b3	Tde7
25.	Db6:	cb	35.	h3?[g])	Tc1
26.	Te6	b5	36.	h4	Th1
27.	Kf1?[f])	Td8	37.	g3	Tf1
28.	Ke2	Kf8	38.	Td3??[h])	Te4†.

Erläuterungen.

[d]) Besser als 19. Sd6:, wodurch Weiss ein Tempo verloren hätte.

[e]) Schwarz hat wiederum nichts Besseres. Auf 24 . . . Df8 folgt 25. Te6 und d6 auf 24 . . . Df4 (oder Dc5?) 25. d6, cd 26. Te7, Tf8 27. g3!, Dg5 28. Tde1, g6! 29 h4 (wenn T1e6 so Kg7) Df6 30. T1e6, Dg7 31. Db7:, Te7: 32. Te7:, Tf7 33. Dd5!, Df8 34. Te6 und Weiss gewinnt.

[f]) Tempoverlust, es sollte sofort f3 geschehen.

[g]) Weiss könnte sofort h4 ziehen, dieser Tempoverlust schadet indess nicht, Schwarz hat keine ausreichende Vertheidigung mehr.

[h]) Mit 38. Td4 war die Partie für Weiss entschieden, z. B. 38. Td4, Tf2 39. a4, ba 40. ba, Tf1 41. Tdb4, Td1 42. Tb7:, Td5: 43 Te7†, Ke7: 44. Tb7†, Ke6 (wenn Kd8, so ebenfalls Tb6) 45. Tb6†, Td6 46. Tdd6†, Kd6: 47. h5, gh 48. Kf5:, Kc5 49. Ke4!, Kb4 50. Kd4 etc.

LXXXI. Giuoco piano.

(Vierte Matchpartie, gespielt den 5. August 1878.)

	Schwarz. Weiss.	Minckwitz. Schwarz.			
1.	e4	e5	5.	Sc3	Sf6
2.	Sf3	Sc6	6.	0—0	Lg4
3.	Lc4	Lc5	7.	Le3	Lb6
4.	d3	d6	8.	Kh1	Se7
			9.	h3	Lh5
			10.	g4[a])	Lg6

Erläuterungen.

[a]) Weiss kann diesen Zug hier ungefährdet thun.

11.	Kg2	Dd7 b)	21.	de	Td2†
12.	Sh4	d5	22.	Tf2	Tf2‡
13.	ed	Sfd5:	23.	Kf2:	Th3:
14.	Sd5:	Sd5:	24.	Tg1	Th2†
15.	Sg6:	hg	25.	Tg2	Th3
16.	Df3	0—0—0 c)	26.	Tg3	Th2†
17.	Ld5:	Dd5:	27.	Tg2	Th3
18.	Dd5:	Td5:	28.	Tg3	Th2†
19.	Lb6:	ab		Remis.	
20.	f4	e4! d)			

Erläuterungen.

b) Auf 11 . . . h5 12. g5 darf nicht 12 . . . Sg4 folgen, wegen 13. hg, hg 14. Sg1!

c) 16 . . . c6 wäre augenscheinlich falsch wegen 17. Ld5: cd 18. Lb6:

d) Nach 20 . . . . gf 21. Tf4: oder 20 . . . f6 21. fe, Te5: wäre das weisse Spiel vorzuziehen.

LXXXII. Abgelehntes Damengambit.

(Fünfte Matchpartie, gespielt den 6. August 1878.)

	Minckwitz.	Schwarz.			
	Weiss.	Schwarz.	12.	0—0	a5
1.	c4	e6	13.	b5	Ld6
2.	d4	d5	14.	Se5	De7
3.	e3	Sf6	15.	Le4:	Se4:
4.	a3	b6	16.	Se4:	de
4.	Sf3	Lb7	17.	Sc4	Ld5
6.	Sc3	Le7	18.	Sd6:	Dd6:
7.	cd	ed	19.	Dc2 a)	Tac8
8.	b4	0—0	20.	Dc3	f5
9.	Ld3	Sbd7	21.	a4	Tf6
10.	Lb2	Se4	22.	La3	De6

(Erste Zeile rechts: 11. Tac1 Sdf6)

Erläuterungen.

a) Sehr in Betracht kommt 19. Tc3, f5 20. Dc2, Tae8 21. Tc1, Tf7 22. a4 etc.

23.	Tb1[b])	Tg6[c])	27.	De1	Th6
24.	Tfc1	Df6	28.	Df1	f4
25.	Tc2	Dg5	29.	ef[e])	Df3[f])
26.	g3	Dg4[d])		Weiss giebt auf.	

Erläuterungen.

b) Es drohte Lb3.

c) Schwarz hat nun einen starken Angriff.

d) Wiederum dürfte Th6 besser sein.

e) Ein Fehlzug, wodurch die Partie sofort verloren geht. Indessen würde nach 29. Tbc1, Dh5! 30. Dg2, f3 31. Dh1, Le6 32. Tc7:, Tc7: 33. Tc7:, Lh3 Weiss den Verlust auch nicht abwenden können.

f) Weiss verliert mindestens eine Figur, da La3 nicht gerettet werden kann wegen 30 . . . e3 etc.

LXXXIII. Sicilianische Partie.

(Sechste Matchpartie, gespielt den 6. August 1878.)

	Schwarz. Weiss.	Minckwitz. Schwarz.			
1.	e4	c5	10.	Sd2	0—0
2.	Sf3	e6	11.	0—0	Lc4:
3.	d4	cd	12.	Sc4:	Se4:
4.	Sd4:	Sc6[a])	13.	Se4:	d5
5.	Sb5	d6	14.	Se5:	de
6.	Lf4	e5	15.	Sc6:	bc
7.	Le3	Sf6	16.	Dd8:[b])	Tfd8:
8.	S5c3	Le7	17.	Tad1	a6
9.	Lc4	Le6	18.	b3	Lb4![c])
			19.	c4	f6?[d])
			20.	Lb6	Td3

Erläuterungen.

a) Am besten geschieht hier 4 . . . Sf6.

b) Besser erscheint Dd1—e2—c4 und Besetzung der freien „d“ Linie durch die Thürme.

c) Ein guter Zug, der die Entwickelung von Weiss bedeutend hindert.

d) 19 . . . f5 wodurch Schwarz bedeutende Gewinnchancen erhielt, war bei Weitem vorzuziehen. Td8 kann ja doch nicht sein Feld behaupten; S. 23. Zug.

21.	Td3:[e]	ed	35.	hg†	Ke6
22.	Tfd1	Te8	36.	Ke4	La3
23.	Kf1[f]	c5[g]	37.	Lb6	Kd6
24.	a3	La3:	38.	Ld8	Lc1
25.	Td3:	Lb4	39.	Lf6	Lf4
26.	g3	Te6	40.	Lg7	Lg3
27.	La7	Kf7	41.	Lh6	Lh2
28.	Td5	Te5	42.	Lf8†	Kc6
29.	Te5:	fe	43.	Le7	Lf4
30.	Ke2	Ke6	44.	Lh4	Kd6
31.	Ke3	Kf5	45.	Lf2	Lh2
32.	f3	h5	46.	Le3	Lg3
33.	h3	g6		Remis.	
34.	g4†	hg			

Erläuterungen.

e) 21. f3 ist schlecht, 21. Td1:, ef.

f) Auf 23. f3? entscheidet 23 . . . d2.

g) Um im nächsten Zug d2 zu ziehen. Weiss hat nur einen aber genügenden Weg, dieser Combination zu begegnen. Stünde nun der schw. „f" Bauer auf f5 statt auf f6, s. 19. Zug, so hätte Schwarz gewonnenes Spiel mit 23 . . . f4 (verhindert Le3) 24. f3!, d2 25. Lf2, Kf7 26. g3, g5 27. h4, h6 28. hg, hg 29. gf, gf 30. Tb1, Te6 (um nicht den König vor dem Thurm vorüber ziehn zu müssen und dem w. König das Betreten der „e" Linie zu gestatten) 31. Td1, Ke7 und Weiss spielt gerade um den König weniger. Schwarz bringt den seinigen auf die Damenseite und wird mit Leichtigkeit das Spiel gewinnen.

LXXXIV. Abgelehntes Damengambit.

(Siebente Matchpartie, gespielt den 6. August 1878.)

	Minckwitz.	Schwarz.			
	Weiss.	Schwarz.	3.	Sf3[a]	Sf6
			4.	Sc3	b6
1.	c4	e6	5.	Lf4[b]	Ld6
2.	d4	d5	6.	Ld6:	Dd6:

Erläuterungen.

a) Gewöhnlich geschieht hier 3. Sc3.

b) Natürlicher erscheint hier 5. Lg5.

7.	c3	0—0	18.	h3	dc
8.	Ld3	Lb7	19.	dc[h])	Dc5
9.	0—0	Sc6	20.	Dc2	e5
10.	Tc1	a6[c])	21.	e4[i])	Dd4
11.	Se2[d])	Se7	22.	Tce1	b5
12.	Sg3[e])	Tac8	23.	Kh1	Tfd8
13.	Se5[f])	c5	24.	Te2	Dd3
14.	Sh5	Sg6!	25.	Dc1	g5
15.	Sf6†	gf	26.	Tfe1	Td4
16.	Sg4	Kg7	27.	f3	Tcd8?[k])
17.	Lg6:[g])	hg	28.	Sf2	Aufg.

Erläuterungen.

c) Nothwendig, da nun Sb5 drohte.

d) Nicht besser ist: 11. e4, de (nicht dc, wegen 12. e5) 12. Le4:, Tad8.

e) Stärker ist 12. c5, Dd8 13. Se5 mit später folgendem Sf4 und Weiss hat den Angriff.

f) Nun musste 13. c5 geschehen, schon um den folgenden starken Zug des Gegners zu vereiteln.

g) Weiss scheint nichts Besseres zu haben; wenn 17. f4 so natürlich 17 . . h5.

h) Weiss kann Bauernverlust nicht verhüten, da auf 19. Tc4:, Ld5 folgt.

i) Um f5 mit späterem Le4 zu verhüten.

k) Ein grobes Versehen; c3 war der richtige Zug, worauf Weiss aber die Partie mit Se3 und Sf5 wohl wird halten können.

LXXXV. Giuoco Piano.

(Achte Matchpartie, gespielt den 7. August 1878.)

	Schwarz.	Minckwitz.			
	Weiss.	Schwarz.			
1.	e4	e5	5.	Sc3	Sf6
2.	Sf3	Sc6	6.	Le3	Lg4
3.	Lc4	Lc5	7.	h3	Lh5
4.	d3	d6	8.	g4?	Lg6
			9.	Sh4[a])	Le3:
			10.	fe	Sa5

Erläuterungen.

a) Zuvor Lc5: wäre besser; Schwarz gewinnt nach einer Reihe von Zügen einen Bauer.

11.	Sg6:	hg
12.	Lb3	Sb3:
13.	ab	Sh7
14.	Kd2	Dh4
15.	De1	Sg5
16.	Dh4:	Th4:
17.	Se2	Ke7[b)]
18.	Sg1	a6
19.	Tf1	Tah8
20.	Sf3	Sf3‡
21.	Tf3:	Tg4:
22.	Th2	Tgh4
23.	Tg3	T8h5
24.	Th1	g5
25.	Ke2	g6
26.	b4	g4
27.	hg	Th1:
28.	gh	Th2†
29.	Kd1	Th5:
30.	Tg2	Th3
31.	Ke2	Kf6
32.	Tf2†	Kg7
33.	Tg2	f6
34.	Kf2	g5
35.	Ke2	Kg6
36.	Kf2	Kh5
37.	c3	g4
38.	Ke2	Kg5
39.	Tf2	g3
40.	Tf5†	Kg6
41.	Kf3	g2†
42.	Kg2:	Te3:
43.	Tf3	Te2†
44.	Tf2	Tf2‡
45.	Kf2:	f5
46.	ef†	Kf5:
47.	Ke3	d5
48.	c4	c6
49.	b3	b5
50.	Kf3	d4
	Aufg.	

Erläuterungen.

b) 17 . . . Sh3: oder Th3: ist augenscheinlich falsch.

LXXXVI. Unregelmässige Eröffnung.

(Neunte und letzte Matchpartie, gespielt den 8. August 1878.)

	Minckwitz.	Schwarz.
	Weiss.	Schwarz.
1.	f4	d5
2.	Sf3	Sf6
3.	d4	e6
4.	e3	c5
5.	c4	cd
6.	ed	dc
7.	Lc4:	Ld6
8.	Sc3	a6
9.	0—0	0—0
10.	Le3	b5

11.	Ld3[a])	Lb7	21.	Dd3	Dd5[e])
12	De2	Sbd7	22.	f5	Tcd8![f])
13.	Tad1	Sb6	23.	fe	fe
14.	a3[b])	Sbd5	24.	Sf3	De4![g])
15.	Sd5:[c])	Ld5:	25.	De4:[h])	Se4:
16.	Se5[d])	Le4!	26.	Tg4	Sf6
17.	Lc1	Ld3:	27.	Tg5	Sd5
18.	Td3:	Tac8	28.	Lf2	Sf4
19.	Tg3	Lb8	29.	Te5	
20.	Le3	La7		Als remis abgebrochen.[i])	

Erläuterungen.

a) Vielleicht ist Lc4—e2—f3 besser.

b) Weiss sucht consequent b4 zu hindern. Dies könnte jedoch besser mit Sd2 bewerkstelligt werden, um auf 14 . . . b4 oder 14 . . . Sd5 mit 15. Sce4 event. Sb3 zu antworten.

c) Auf 15. Se4 verliert jetzt Weiss einen Bauer 15. Se4, Se3: 16. De3:, (Sf6†, Df6:) Sd5.

d) Hier sollte Weiss in Anbetracht der Erwiederung von Schwarz sofort 16. Lc1 ziehen.

e) Besser als Sd5.

f) Der einzige Zug, um dem drohenden Angriff mit Erfolg zu begegnen.

g) Gut gespielt, da Sg5 drohte.

h) Weicht die w. Dame aus, so folgt Sd5!

i) Es könnte folgen: 29 . . ., Sd3 30. Te6:, Sf2: 31. Tf2:, Td4: 32. Sd4:, Ld4: 33. Te2, Tf2: 34. Tf2:, Lf2† 35. Kf2:, Kf7 mit Remisschluss.

Anhang.

LXXXVII. Wiener Partie.

(Berathungspartie, gespielt den 1. August 1878.)

	W. Paulsen u. Schwarz.	Anderssen u. Hammacher.			
	Weiss.	Schwarz.			
1.	e4	e5	14.	Se3	Sf6 e)
2.	Sc3	Lc5	15.	f4	Kh8
3.	Sa4? a)	Le7?	16.	Lc4	a6
4.	Sf3	Sf6 b)	17.	a4	Sbd7
5.	d4	d5 c)	18.	0—0	Sb6
6.	ed	e4	19.	Lb3	ab
7.	Se5	0—0	20.	ab	Ta1:
8.	c4 d)	b5	21.	Da1:	Sbd5
9.	cb	Sd5:	22.	c4	Se3:
10.	Sc3	Lb4	23.	Le3:	Sg4
11.	Ld2	Lc3:			
12.	bc	f6			
13.	Sc4	f5			

Erläuterungen.

a) Dieser Zug wird durch das Opfer auf f2 vollständig widerlegt! Dies war Herrn Schwarz wohlbekannt (vergl. Partie 3329 der Deutschen Schachzeitung 1873 Hamppe—Schwarz); wenn er daher trotzdem denselben und überdies in einer Berathungspartie risquirte, so konnte er nur auf seine genaue Kenntniss dieser Partie und auf die Unkenntniss der Gegner bauen!

b) Wir möchten hier Sc6 vorgezogen haben.

c) Der Damenbauer durfte nur einen Schritt gehen. Die Führer der Schwarzen behandeln die Eröffnung etwas keck, vermuthlich in der Hoffnung, einen Angriff forciren zu können.

d) Weiss behauptet consequent seinen Bauer.

e) Auf f4 würde 15. Sd5:, Dd5: 16. Db3 mit Abtausch erfolgen.

24.	De1	Df6	47.	De5	Kh7
25.	h3	Se3:	48.	Te6	Tf8
26.	De3:	h6	49.	Kh2	Df7
27.	c5	Ld7	50.	De3	Kh8
28.	c6 f)	Le6	51.	Th6‡	gh
29.	d5	Lg8	52.	Dh6‡	Kg8
30.	b6!	cb	53.	Dg5†	Kh7
31.	Db6:	Dd6	54.	Dh4†	Kg7
32.	Dd4	Tb8	55.	Dg4†	Kh6
33.	Lc4	Td8	56.	Dh3†	Kg7 h)
34.	Ta1	Df4:	57.	d7	De7
35.	Ta7 g)	Dg3	58.	Dc3†	Kh6
36.	c7	De1†	59.	Dd2†	Kh5
37.	Kh2	Tc8	60.	d8D	De5†
38.	d6	f4	61.	Kg2	Dg7†
39.	Lg8:	Dg3†	62.	Kh2	De5†
40.	Kh1	f3	63.	Kh1	De4†
41.	Ta2	Tg8:	64.	Kg1	Dg6†
42.	Tc2	fg†	65.	Kh2	Dg3†
43.	Tg2:	Dh3‡	66.	Kg3:	Tg8†
44.	Kg1	Dd7	67.	Dg5‡	Tg5‡
45.	Tg6	Kh7	68.	Dg5‡	Kg5:
46.	De4:	Kh8	69.	c8D	Aufg.

Erläuterungen.

f) Die Energie, mit welcher Weiss die ganze Partie führt, verdient alle Anerkennung; die schwarze Partei kann trotz aller Mühe nach keiner Richtung hin den den Gegnern eingeräumten Vortheil wieder einholen.

g) Von hier an wird die Partie hochinteressant! Weiss hält mit eiserner Consequenz das Schicksal derselben in Händen und besiegelt seine treffliche Führung durch ein durchaus correctes Opfer, welches namentlich in Folge der dem Schwarzen offenstehenden zahlreichen Schachs sehr weit zu berechnen war.

h) Nun hat Weiss seine Dame und den König so gestellt, dass er gefahrlos mit seinen Bauern avanciren und der unschädlich gemachten Uebermacht trotzen kann.

LXXXVIII. Evansgambit.

(Berathungspartie, gespielt den 1. August 1878.)

	Minckwitz und Wemmers. Weiss.	Metger und Fritz. Schwarz.
1.	e4	e5
2.	Sf3	Sc6
3.	Lc4	Lc5
4.	b4	Lb4:
5.	c3	La5
6.	d4	ed
7.	0—0	dc
8.	Db3	Df6
9.	e5	Dg6
10.	Sc3:	Sge7
11.	Se2	b5
12.	Ld3	De6
13.	Db2	Sg6
14.	Sf4	Sf4:
15.	Lf4:	a6
16.	Sg5	De7
17.	e6	f6 a)
18.	Sh7: b)	d6
19.	Dc1! c)	Lb7
20.	Lg6†	Kd8
21.	Sg5	Kc8!
22.	Sf7 d)	Tf8 e)
23.	Tfd1 f)	Lb4
24.	Dc2	Kb8
25.	Le4	Sa5!
26.	Lb7:	Sb7:
27.	Db3	Lc5

Erläuterungen.

a) Dieser Zug in Verbindung mit dem folgenden scheint hier recht gut angewandt werden zu können. Bauer e6 schützt vor manchem Angriff.

b) Weit besser als 18. ed†, wodurch dem Schwarzen die lange Rochade frei gemacht würde.

c) Weiss befreit so auf hübsche Weise den Springer h7; 19. Lb5: scheitert an 19 ... ab 20. Db5:, Ta6 21. Tc1, Tb6!; 19. Le4 wird widerlegt mit 19 ... Lb7 20. Dc1 (wenn Dc2 so 20 ... Sb4) Sd4! 21. De3, c5!

d) Auf einen andern Springerzug geht sofort Be6 verloren, der Springer kehrt deshalb freiwillig in sein Gefängniss zurück.

e) Weit stärker war hier 22 ... Th4. Auf 23. g3 gewinnt 23 ... Sd4, auf 23. Lg3 folgt 23 ... Tc4, und endlich kommt auf 23. De3 Weiss in entscheidenden Nachtheil mit 23 ... Sb4 24. Le4!, Le4: 25. De4: d5 und Schwarz gewinnt, auf 26. Df5? z. B. mit 26 ... g6.

f) Dieser Zug hindert die Wegnahme des Bauern e6, z. B. 23 ... De6: 24. Sd6‡!, Kb8! 25. Lf5, De7 (De2 genügt ebenso wenig) 26. Le4, Sd8 27. Sb7:, Sb7: 28. Dc6 etc.

28.	h4	Te8	37.	Tec1[l]	Tf7
29.	Te1	Ld4	38.	T1c2	Ta7
30.	Tae1	Le5	39.	Db3[m]	Df4[n]
31.	Le5:	fe[g]	40.	a4	Tf8!
32.	Sg5	Sc5	41.	Tb2[o]	Dh4:![p]
33.	Dg3	Df6[h]	42.	ab	Th8
34.	Tc1	Se6:	43.	ba†	Ka8
35.	Se6:	Te6:	44.	Kf1	De4!
36.	Tc6![i]	Te7?[k]		Aufg.	

Erläuterungen.

g) Besser als 31 . . . de 32. Td7, De6: 33. De6:, Te6: 34. Sh8 und Schwarz verliert wieder einen Bauer.

h) Bg7 darf natürlich nicht aufgegeben werden.

i) Der beste Zug, der c5 verhindert, welches auf 36. a4 gefolgt wäre, und noch einen starken Angriff zur Folge hat, der nur an dem ungedeckten h-Bauer scheitern dürfte.

k) Tempoverlust! Der Thurm sollte gleich nach e8 gehen.

l) Auf 37. a4 hat Schwarz eine genügende Vertheidigung mit 37 . . . Ta7 38. Db3 (wenn Tb1 so Df4) 38 . . . De6 39. Db1!, Dd5.

m) Auf 39. a4 folgt natürlich 39 . . . Df4.

n) Energischer wäre 39 . . . Tf8 auf 40. g3 folgt dann 40 . . . Df3 41. Db1, g5 42. a4, gh 43. ab, h3 44. ba†, Ka8 44. Df1, h2†; auf 40. a4 folgt 40 . . Dh4: 41. ab, ab 42. Db5‡, Tb7 und gewinnt auf 43. Da6 mit 43 . . . Tb1†. auf 43. Df1 mit 43 . . . Th8.

o) Weiss erreicht sein Ziel nicht mehr: 41. ab führt auch zu Nichts z. B. 41 . . ab 42. Db5‡, Tb7 43. Df1, Dh4: und gewinnt.

p) Man vergl. die i-Anmerkung.

LXXXIX. Schottisches Gambit.

(Freie Partie, gespielt den 10. August 1878 zu Königstein im Taunus.)

Minckwitz. Weiss.		M. Schwarzschild. Schwarz.			
1.	e4	e5	3.	d4	ed
2.	Sf3	Sc6	4.	c3	Lc5?[a]
			5.	cd	Lb6
			6.	d5	Sce7

Erläuterungen.

a) Besser wäre natürlich d5 oder dc.

7.	e5	d6	16.	Tae1	Dc7 c)
8.	Lc4	Lg4	17.	Sf6‡	Df6:
9.	0—0	de	18.	Te5	Kd8
10.	Sc3	Sf6	19.	Tfe1	Lb5: d)
11.	Lg5	Sg6	20.	Te8†	Kd7
12.	Se4	h6	21.	Db5‡	c6
13.	Lf6:	gf	22.	. dc†	bc
14.	Da4†	Ld7 b)	23.	Dd3†	Aufg.
15.	Lb5	Sf8			

Erläuterungen.

b) Vorzuziehen wäre wohl Ke8—f8.

c) Schwarz beabsichtigt nun die lange Rochade, womit er sich ausser Gefahr stellen würde; um dieses zu verhindern bringt Weiss das folgende Opfer, welches jedoch bei richtiger Vertheidigung nicht zum Ziele führt.

d) Hier sollte c6 geschehen, worauf Weiss zwar durch dc nebst De4 den Angriff festhält, indessen nicht durchdringen zu können scheint.

XC. Evans-Gambit.

(Freie Partie, gespielt den 27. Juli 1878.)

	F. K. Esling.	Anderssen.			
	Weiss.	Schwarz.			
1.	e4	e5	10.	Sc3:	d6 a)
2.	Sf3	Sc6	11.	Sd5	Ld7
3.	Lc4	Lc5	12.	Tad1 b)	h6
4.	b4	Lb4:	13.	Sf4	Dh7
5.	c3	La5	14.	Lf7‡	Kf8
6.	d4	ed	15.	e5	hg
7.	0—0	dc	16.	Lg6	Le8
8.	Db3	Df6	17.	Se6†	Ke7
9.	Lg5	Dg6	18.	ed†	cd
			19.	Lh7:	Th7:
			20.	Sfg5:	Aufg.

Erläuterungen.

a) Besser wäre h5 oder Se7; der Altmeister spielt die Partie schwach, wir nehmen dieselbe jedoch auf, weil sie eine der wenigen passablen freien Partieen ist, welche notirt worden sind.

b) Hier könnte sofort Sf4 geschehen.

XCI. Giuoco piano.

(Berathungspartie, gespielt im Darmstädter Schachclub im März 1877.)

	Stade, Bussmann und Gutmann.	Alex. Fritz.
	Weiss.	Schwarz.
1.	e4	e5
2.	Lc4	Lc5
3.	Sf3	Sc6
4.	d3	d6
5.	Sg5	Sh6
6.	Dh5 a)	0—0
7.	Sf3	Sg4
8.	0—0	Sf6
9.	Dg5	h6
10.	Dd2	Lg4
11.	Se1	Dd7
12.	Sc3	Sh5
13.	Sd5	Sd4
14.	Kh1	Kh8! c)
15.	f3	f5
16.	fg	fg
17.	Tf8‡	Tf8:
18.	Se3 d)	g3!
19.	h3 e)	Tf2
20.	Dd1	Sf4
21.	Dg4 f)	Sh3:
22.	Dd7:	Tf1†
23.	Sf1:	Sf2†
24.	Kg1	Se2 ‡

Erläuterungen.

a) Der vorzeitige Angriff des Weissen rächt sich durch eine hochelegante Revanche!

b) Um auf h3 mit Lh3: zu antworten.

c) Mit diesem feinen Königszuge leitet Schwarz eine ebenso weit berechnete und correcte, wie glanzvolle Opfercombination ein.

d) Auf g3 entscheidet in hübscher Weise De8!, z. B. 18. g3, De8 (droht Sg3‡) 19. Dg2 (De3), Sg3‡ 20. Dg3:, Se2! 21. Dg2, Sg3† 22. hg!, Dh5† 23. Dh2, Tf1† etc.

e) Auf 19. hg gewinnt Se2 20. Sf5, Tf5: 21. ef, Shg3‡ 22. Kh2, Sf1† 23. Kh3, Df5‡ 24. g4, Df2 etc.

f) Weiss ist rettungslos; zieht er einen andern Zug als mit der Dame, z. B. c3, so giebt Schwarz in vier Zügen mat durch Dh3‡ etc. Nun folgt aber ein noch schönerer Matschluss.

Leipzig, Druck von Giesecke & Devrient.

Druck von Metzger & Wittig in Leipzig.

FSC
www.fsc.org
MIX
Papier | Fördert gute Waldnutzung
FSC® C083411

Zeitfracht Medien GmbH
Ferdinand-Jühlke-Straße 7
99095 Erfurt, Deutschland
produktsicherheit@kolibri360.de